极简健康蔬果汁

[日] 万年晓子 著

叶廷昭　谢承翰 译

江西科学技术出版社

序　*Introduction*

风靡全球！极简轻食，
从每天一杯蔬果汁开始

　　研究表明，每天摄取350g蔬菜、200g水果，能帮助人体排出体内的老废物质，使身体更健康。然而实际上，想要每天摄取足量的蔬果，并没有想象中那么容易。在轻食主义盛行的当下，人们越来越崇尚"清淡、低卡、低糖"的饮食，而一杯健康的果蔬汁刚好能满足我们对健康饮食的要求。

　　我任职的"Little Juice Bar"，是一家新形态的蔬果汁专卖店，店中所销售的饮品，皆为现点现做，以便给顾客提供新鲜与美味。"健康、欢乐、方便"，是我们店的宗旨。为了让大家能在家中体验动手做蔬果汁的乐趣，因而有了本书的诞生。

　　我将店内的食谱稍加改变，简化食材的种类与搭配，并增加了许多富含纤维的蔬菜、水果等，让大家喝下一杯蔬果汁，就能满足每日对蔬果的需求，享受极简主义的轻食。

　　书中的制作方法，尽可能地将水的使用量降到最低，就算无法准确拿捏食材的比例，也不会失败，依然能做出美味的蔬果汁。此外，你也可以依照蔬果的属性，自由搭配，制作出你想要的独创蔬果汁。

有时身体会出现一些小毛病，如皮肤红肿瘙痒、便秘或消化不良等，虽然不严重，却会给生活造成不少困扰。针对这些恼人状况，我建议大家只要养成每日饮用一杯富含维生素C的蔬果汁，一段时间后，身体状况就会出现令人意想不到的改善。

每天喝一杯蔬果汁，你一定能感受到来自蔬果的神奇力量！

Little Juice Bar　蔬菜品评师　万年晓子

目录 *Contents*

新手必学！4 种最简单的蔬果汁 ·············· 22

PART1
无添加！80 道天然蔬果汁，喝出健康

身体疲劳 ···································· 32

PART2
活用当季食材！
最新鲜的 17 道美味蔬果汁

本书的使用方法

① 蔬果汁的制作方法十分简单，有些甚至不需使用刀具，只要将食材全部丢入料理机即可。

② PART1 介绍可改善各种身体不适的对症蔬果汁；PART2 则介绍由日本当季盛产食材制成的蔬果汁。

③ 说明蔬果所含的营养素与成分，及其帮助消除身体的不适症状的原理。

④ 依据身体的不适症状分门别类，标出页数，以帮助各位快速找到适合自己的蔬果汁。

⑤ 依据身体的不适症状，介绍可饮用的蔬果汁，并说明所含的营养素及功效。

⑥ 说明各类蔬果的搭配组合、营养成分与功效。

⑦ 以图解的方式说明如何处理蔬果，以及使用量。

制作蔬果汁的其他注意事项

● 1 大匙 =15ml、1 小匙 =5ml、1 杯 =200ml
● 以 g 为单位的材料的分量，是指去除外皮与种子后的净重。
● 各类蔬果的标准重量请参考 p19。
● 食谱皆为 1 人份，完成后的分量约为 200ml（根据食材种类、组合搭配的不同，完成量可能略有差异）。
● 照片中的其他摆盘装饰，不列入最后完成的分量中；标示的热量，亦仅限于蔬果汁本身，不包括装饰摆盘的食材。
● 食谱中的酸奶，皆指原味的无糖酸奶。

蔬果汁的 5 大优点

本书中的蔬果汁是指将蔬菜、水果完整地放入料理机中搅拌，必要时加入少许水，保留天然风味的健康饮品。不含任何人工添加物，是兼具健康和美味的纯天然饮品。优点包括：

① 帮助人体吸收必要的营养素

蔬果除了含有维生素与矿物质外，也含有番茄红素、花青素等成分，与人体的消化吸收、新陈代谢等息息相关。只要养成每天饮用蔬果汁的习惯，就可完整摄取上述成分，维持美丽与健康。

② 完整摄取蔬果的营养

蔬果的外皮也含有丰富的营养素与膳食纤维。一般料理时多会将外皮去除，但蔬果汁是将食材完整地放入料理机中搅拌均匀，甚至连外皮也会被搅拌至细碎状，方便入口，借以完整摄取蔬果的全部营养。

③ 消除蔬菜的苦涩味

不知各位是否讨厌绿色蔬菜的苦涩味呢？即使将蔬菜放入锅中快炒调味，有时仍难以克服心理障碍去食用。但是，若将香蕉与苹果等带有甜味的食材，与绿色蔬菜一起放入料理机中打成蔬果汁，便可轻松去除涩味，克服食用绿色蔬菜的恐惧。

④ 确保每天的蔬果摄取量

直接摄取蔬果，并计算每天的摄取量是否足够，是一件相当困难且难以执行的事。但是，只要将蔬果放入料理机中，打成蔬果汁饮用，便能摄取足够的分量，省时又方便。让人每天都能准确地摄取足够的膳食纤维，就是蔬果汁的最大魅力。

⑤ 新鲜且不含人工食品添加剂

本书中蔬果汁的制作材料仅为蔬菜、水果、牛奶等，必要时加入蜂蜜、低聚糖等天然甜味剂，口感顺滑，不含任何人工食品添加剂（特别是防腐剂），活用食材最原始的风味制成，是兼具健康与美味的天然饮品，请安心饮用。

正确饮用蔬果汁的
4 大诀窍

① 养成每天饮用的习惯

虽说人体每日对维生素、矿物质等的需求量并不多，但摄取不足却会引起许多不适。因此，养成每天饮用蔬果汁的习惯，除了可摄取足量的维生素与矿物质外，身体的小病痛也会逐渐消失，能有效管理身体、改善体质。

01

② 请在餐前或空腹时饮用

为了帮助身体有效吸收蔬果中的营养素，建议餐前饮用。此外，为了抑制餐后血糖快速升高，建议各位可先饮用蔬果汁，再开始用餐。餐前饮用蔬果汁，可使人有一定的饱腹感，有效减少用餐量，达到减肥瘦身的效果。

02

③ 制作完毕后立刻饮用

由于蔬果汁所含的维生素、矿物质、酵素等成分，在接触光线和高温后，容易氧化变质。因此，建议制作完毕后立即饮用，享用蔬果最完整的营养与天然风味。

03

④ 依据不同需求，选择合适的料理机

市面上销售的料理机种类繁多，建议各位依自身需求选购。若每次制作分量较少，可选择底部较窄的类型（如左图），以缩短制作时间；若追求口感绵密，则需注意功率，建议选择 900W 以上、功率较大的类型（如右图），便可制作出口感顺滑的蔬果汁。

容器底部直径较窄的料理机，刀片可遍及容器各处，因此能将食材充分地搅拌均匀。

功率较大的料理机（高于900W），可轻松搅拌质地较硬的蔬果或冷冻食材，方便料理。

04

美味秘诀大公开！
蔬果汁的 5 大特色

美味方便，适合天天饮用

虽说"良药苦口"，但若必须捏着鼻子勉强喝下不喜欢的蔬果汁，相信不会有人愿意。因此，"美味"与"方便"是制作蔬果汁的关键，衷心希望"喝蔬果汁"能成为大家每天生活中的小确幸。

活用蔬果的特性制作

蔬果就和人一样，有不同的个性，因此，请活用蔬果的特性制作。如草莓、西瓜、桃子等味道较为细腻的水果，建议与味道较为柔和的食材相互搭配，让蔬果昔更顺滑美味。

适当调味，使蔬果汁更顺口

蔬果汁是使用纯天然的食材制作而成的，但有时为了使口感更顺滑，可依个人喜好适量加入低聚糖、蜂蜜或柠檬汁等天然调味剂，突显食材的风味，增添口感的层次变化。

活用冷冻食材制作

产季较短的食材，可先在当季大量购买，再冷冻保存，以便随时使用。如苹果、香蕉、牛油果、木瓜、覆盆子、蓝莓、柿子等，都非常适合当作常备冷冻食材。除此之外，若能事先处理食材，亦可以缩短制作时间，省时又方便。请参考p18，有更详细的说明。

收录多种受欢迎的人气蔬果

特别收录近期备受瞩目的"人气蔬果"食谱，如具有消除橘皮功效的明日叶、适合减肥者的美白圣品火龙果等。这些具有高营养价值的蔬果，不仅可口，亦能养颜美容、强健体魄。建议大家不妨尝试制作。

一看就懂！
挑选新鲜蔬果的诀窍

种类多样的蔬菜与水果，是制作蔬果汁的基本材料。此外，也可依不同制作情形，加入适量水与副食材。以下就让我们来看看挑选各类材料的重点与诀窍吧！

蔬菜 & 水果

● 挑选适合当季食用的蔬果

制作蔬果汁时，不会添加多余的调味剂，因此，"食材的新鲜度"是影响口感的关键。建议选择当季盛产，且成熟度佳的蔬果制作。部分蔬果如香蕉、猕猴桃、牛油果等，必须先放在常温下，待其完全成熟至适合食用的状态后，方能使用。

● 留意蔬果的品种与产地

品种相同的蔬果，依照产地与栽培方法的不同，口味也会有所差异。举例来说，西红柿既是蔬菜也是水果，但因品种不同，有些西红柿皮薄肉细、甜度高，一般被视作水果。此外，栽种的农家与土壤质地等因素，也会影响蔬果的口味。大部分的蔬果都会清楚标示产地等信息，只要多留意，就能挑选出最新鲜的蔬果。

● 搭配冷冻食材制作

书中介绍的蔬果，皆可替换成冷冻食材制作。例如香蕉、苹果等果汁含量较少的食材或产季较短的芒果等，可预先准备，以缩短制作时间。冷冻食材的制作方式，是将食材切成方便入口的大小后，放入密封的保鲜袋中，并尽量将袋中空气挤出并摊平（如右图所示），再放入冰箱冷冻室保存即可。若担心料理机无法搅动未解冻的食材，只要同时加入其他水分充足的蔬果，便可顺利运转，亦可使蔬果汁的口感层次更丰富。

适合冷冻保存的食材
苹果、香蕉、牛油果、木瓜、覆盆子、蓝莓、柿子等
不适合冷冻保存的食材
叶菜类、柑橘类、猕猴桃等

● 依个人喜好，选择蔬果的用量

蔬果的外观大小、果汁含量、甜度等差异，皆会影响蔬果汁的口感与味道。因此，选购蔬果时，请参考下列蔬果重量表，以此为基准，选择适当的用量；也可比较甜度、酸度等差异，再依个人喜好做比例上的调整。

本书中使用的蔬果重量一览表

蔬菜	单位	克	蔬菜	单位	克	水果	单位	克
明日叶	1株	15g	胡萝卜	中1根	200g	葡萄柚	1个	300g
芦笋	1根	20g	大蒜	1瓣	10g	樱桃	1粒	6g
卷心菜	1片	100g	甜椒	1个	150g	石榴	1个	200g
水芹	1株	10g	西兰花	1朵	15g	火龙果	1个	400g
羽衣甘蓝	1片	100g	菠菜	1株	40g	梨子	1个	200g
苦瓜	1根	200g	京水菜	1把	200g	香蕉	中1根	150g
小油菜	1株	45g	阳荷	1颗	15g		小1根	100g
土豆	中1个	150g	百合	1个	100g	木瓜	1个	400g
姜	1片	10g	生菜	1片	30g	李子	1个	20g
西芹	1株	100g	莲藕	1节	140g	蓝莓	1粒	1g
萝卜	1cm	45g	**水果**	**单位**	**克**	西梅	1颗	20g
洋葱	1个	200g	牛油果	1个	200g	芒果	1个	300g
小白菜	1株	150g	草莓	1颗	15g	橘子	1个	100g
西红柿	1个	150g	无花果	1个	250g	桃子	1个	200g
圣女果	1颗	15g	柳橙	1个	250g	苹果	1个	300g
山药	1cm	25g	柿子	1个	150g	柚子	1个	100g
油菜花	1株	15g	猕猴桃	1个	120g	柠檬	1个	100g

水 & 其他副食材

● 加入天然饮品，补足营养成分

本书中亦搭配冷水、牛奶、豆浆等天然饮品，制作蔬果汁。这样不仅可补足蔬果缺乏的营养素，也可让搅拌的过程更顺利。更详细的说明请参考p158～159。

● 适时添加副食材，调整口味

除了蔬菜、水果、水外，也可加入青紫苏、薄荷等带有强烈香气的植物，或以柠檬汁提味，或加入低聚糖或蜂蜜，增加甜度等。增添甜味的方法，请参考p156～157；增加饮用口感层次变化的方法，请参考p160～161。

超简单！美味蔬果汁的制作方法大公开

本书介绍的蔬果汁，皆以一般市售的料理机制作而成，不需额外的器材或步骤，简单又方便。只要将食材切成适当大小，放入料理机中搅拌均匀即可。

将材料切成适当的大小

A

叶菜类切成一口大小，以避免料理机在转动时，叶子卡在盖子上，无法充分搅拌均匀。而生菜等质地较柔软的蔬菜，可直接用手撕开。

B

水果也切成一口大小。香蕉与柳橙等带皮水果必须先剥皮，再切块；草莓与葡萄等可整个食用的水果，可直接放入料理机中搅拌。

C

将所有食材切成相同大小。为了充分地搅拌及混合食材，请务必将它们切成相同大小，避免较大块的食材无法被搅拌均匀，影响口感。

依序将食材放入料理机中

A

先放入较轻的叶菜类，以及含水量较多的水果。请将食材均匀地摆在料理机中，让料理机的刀片可碰触到所有食材，避免空转，混入过多的空气，影响口感。

B

轻的材料先放，重的材料后放，避免料理机空转，无法搅拌均匀。此外，某些食材搅拌过久会散发苦味，建议开始搅打后再于中途加入，避免影响口感。

加入水与副食材

确认所有食材都充分搅拌均匀后，再加入冷水、牛奶、豆浆等天然饮品。而低聚糖、蜂蜜等具黏性的调味剂，请直接浇淋于食材上，避免黏到料理机底部，造成清洗不易。

盖上盖子，开始搅拌

A

B

盖上盖子，并以手轻压于盖子上方后，开始搅拌。当发现搅拌不易时，可视情况加入含水量较多的食材或饮品，使运转更顺利。

将所有食材打成浓稠的液态状后，可先试试味道，再做调整。使用冷冻食材时，搅拌时间要延长，确认无块状物后，才算完成。

倒入杯中，即可享用

将搅拌完成的蔬果汁倒入杯中，若使用较多冷冻食材，成品会呈现冰沙状，请用汤匙将料理机中的蔬果汁完全取出。

完成了！

制作完成后，请马上饮用吧！刚制好的蔬果汁最新鲜，口感好，营养价值丰富。

新手必学！
4种最简单的蔬果汁

终于要开始制作蔬果汁了。在此，先介绍4种容易制作的蔬果汁，方便大家快速上手，养成"每天饮用"的好习惯。

西红柿与生菜均含有丰富的维生素与矿物质，特别是西红柿，具有抗衰老、提高免疫力的功效。

综合蔬菜饮

此饮品融合了含水量丰富的西红柿与生菜，
是如同沙拉般清爽的蔬果汁。
加入柠檬汁可增加酸甜口感。

材 料

西红柿…… 1 个

　　→ 去除蒂头后，切成适合入口的大小。

生菜…… 2 片

　　→ 随意撕成小块状。

柠檬…… 1／4 个

　　→ 去皮后切成适合入口的大小。

做 法

将所有材料放入料理机中搅
拌均匀，即可享用。

46
kcal

增加
饱腹感

香蕉饱腹豆浆

除了香蕉与豆浆外，也可以加入炼乳，
制作成口味更丰富的甜味饮品。
此外，若加入黄豆粉，会更有饱腹感。

当香蕉中含有的蔗糖、葡萄糖、果糖等糖类进入体内后，会转
化为能量，帮助人体快速补充体力，非常适合没时间吃早餐的
人食用。此外，豆浆能帮助补充铁元素，维持饱腹感及能量。
建议想减肥的女性朋友，多饮用这道饮品。

材 料

香蕉······ 1 根

　→ 去皮后，切成适合入口的大小。

豆浆······ 100ml

炼乳······ 2 小匙

黄豆粉······ 2 小匙

做 法

将所有材料放入料理机中搅
拌均匀，即可享用。

190
kcal

改善
肠胃不适

青紫苏美肠酸奶

苹果与酸奶味道柔和，再加入青紫苏，就是一杯充满香气的蔬果汁。
口感具有两段式的层次变化，喝到最后也不会腻。

苹果含有水溶性膳食纤维——果胶，能有效调理肠胃，改善便秘，减缓腹泻症状。此外，酸奶和能增加乳酸菌的低聚糖，也具有润肠效果。

材 料

苹果……1／3个
　　→去核，带皮切成适合入口的大小。

青紫苏……2片

酸奶……1／2杯

低聚糖……2小匙

做 法

将除青紫苏外的所有材料放入料理机中，充分搅拌均匀。接着，将3／4的饮品倒入杯中，剩下的1／4加入青紫苏后，再次搅拌均匀，倒入杯中，即可享用。

137
kcal

维持
好气色

香橙菠萝酸甜饮

柳橙的酸味与菠萝的甜味，相当搭配。
这道蔬果汁口感清爽，适合在夏天饮用，可增进食欲。

材 料

柳橙…… 1 个

　→ 去皮后，切成适合入口的大小。

菠萝…… 150g

　→ 切成适合入口的大小。

做 法

将所有材料放入料理机中搅拌均匀，即可享用。

135
kcal

柳橙与菠萝含有柠檬酸，能令人感到神清气爽，并增进食欲、消除疲劳。此外，两者皆含有丰富的维生素C，可帮助减轻压力，提升免疫力。

PART1

pumpkin

japanese radish

无添加！80道
天然蔬果汁，
喝出健康

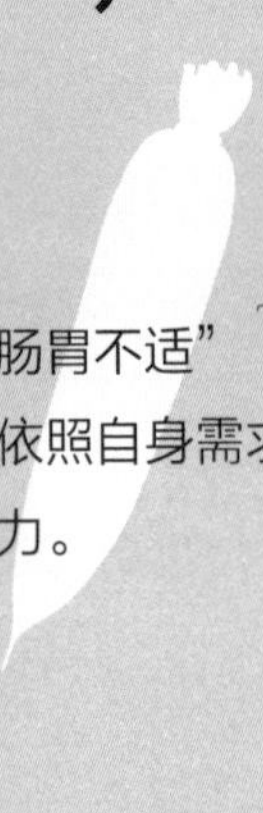

本章依照各种不适症状，如"身体疲劳""肠胃不适""女
性烦恼"等，介绍各种对症蔬果汁。大家可依照自身需求，
调配出适合自己的专属饮品，保持健康与活力。

smoothie

broccoli

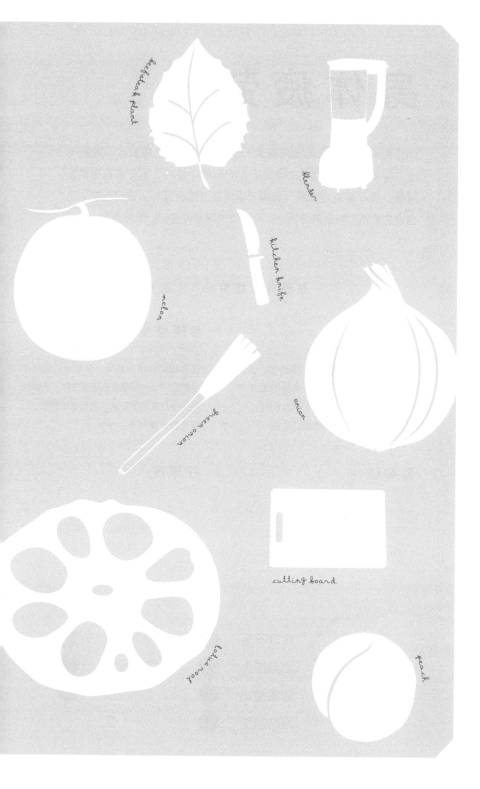

beefsteak plant

blender

kitchen knife

melon

onion

green onion

cutting board

lotus root

peach

身体疲劳

你是否经常没来由地觉得很累？是否因工作或家事繁忙、睡眠不足，常感到精神不济呢？这些日积月累的小疲劳，若没有积极消除改善，将严重影响健康，导致"慢性疲劳综合征"。建议常饮用富含维生素与矿物质的蔬果汁，可有效改善身体疲劳，重拾活力。

改善身体疲劳的4大营养素

维生素C

具有抗氧化、提高免疫力等功效。当人体感到压力时，会消耗大量的维生素C，因此，建议平日多补充维生素C。

建议食材●草莓、柑橘类、甜椒

B族维生素

能将糖类转化为能量，并舒缓肌肉与神经的疲劳。一旦缺乏B族维生素，人体便无法制造充足的能量，容易感到疲劳。

建议食材●香蕉、菠菜

葡萄糖

葡萄糖进入人体后会立刻转化为能量，可有效且快速地消除疲劳。

建议食材●葡萄、苹果、猕猴桃

柠檬酸

酸梅或柳橙等水果，皆含有丰富的柠檬酸，因此带有酸味。柠檬酸可以协助身体制造能量，具有缓解疲劳的功效。

建议食材●柑橘类、酸梅

这些症状也能喝！

食欲不振 → p.34

压力过大 → p.38

肩膀酸痛 → p.40

眼睛酸涩 → p.42

睡眠不足 → p.44

夏季中暑 → p.46

口腔发炎 → p.48

活力葡萄果昔

葡萄是四季盛产的水果，可一次性大量购买，再冷冻保存。只要将葡萄以清水洗净，放入袋中密封即可。使用冷冻葡萄制作果昔时，会有独特的冰沙口感，别有一番风味。

材料

无籽葡萄…… 10颗

　→ 将葡萄摘下，连皮使用。

香蕉…… 1 / 2根

　→ 去皮后，切成适合入口的大小。

现榨柳橙汁…… 100ml

做法

将所有材料放入料理机中搅拌均匀，即可享用。

140
kcal

point

葡萄含有的葡萄糖、香蕉含有的维生素B_1、柳橙含有的维生素C与柠檬酸等，皆是极佳的能量补充来源。饮用后，可快速缓解疲劳，振奋精神。

身体疲劳

食欲不振

口感绵密且入口即化
好消化芒果昔

材料

柳橙⋯⋯ 1 / 2 个

⟶ 去皮后，切成适合入口的大小。

桃子⋯⋯ 1 / 2 个

⟶ 去核剥皮后，切成适合入口的大小。

芒果⋯⋯ 1 / 3 个

⟶ 去皮后，切成适合入口的大小。

做法

将所有材料放入料理机中搅拌均匀，即可享用。

105 *kcal*

也可使用桃子罐头代替新鲜桃子。

point

桃子和芒果含有丰富的膳食纤维、维生素、矿物质等成分，可补充营养；此外，柳橙中的柠檬酸能增进食欲，特别适合在夏季饮用。

How to

如何正确切芒果？

01

将芒果横放，连核一同切成3等份；再将每一份切成瓣状，同时去核。

02

将芒果外皮朝下放在砧板上，沿着外皮与果肉的交界处，用水果刀轻轻地削除外皮。

若因疲劳引起食欲不振，建议可多摄取含大量柠檬酸的柑橘类。柠檬酸具有促进唾液及胃酸分泌、增进食欲、提高肝功能等功效。此外，食欲不振可能会导致营养失衡，造成免疫力下降。建议各位可一并摄取富含维生素、矿物质、糖类等营养素的食材，补充营养。

欲罢不能的爽口滋味

水芹开胃果昔

材料

水芹…… 4株

→ 切成适合入口的大小。

菠萝…… 100g

→ 去皮后，切成适合入口的大小。

蜂蜜…… 1小匙

柠檬汁…… 2小匙

做法

将所有材料放入料理机中搅拌均匀，即可享用。

80
kcal

> *point*
>
> 水芹的辣味，来自一种名为芥子苷的成分，萝卜等蔬菜中也含此成分，具有促进食欲、消肿利尿的功效；菠萝则含柠檬酸，可增进食欲。

How to

如何正确切菠萝？

01

双手分别握住菠萝的蒂头与果实，以转动螺丝般的方式扭转，便可快速去除蒂头。

02

纵切剖半，再切成瓣状备用，果芯请一起食用。

03

外皮朝下放在砧板上，沿着外皮与果肉的交界处，用水果刀轻轻地削除外皮，再切成方便入口的大小。

身 体 疲 劳

压力过大

喝下后身心更舒畅
西芹舒压果昔

材料

葡萄柚…… 1／2个

→ 去皮后，切成适合入口的大小。

生菜…… 2片

→ 切成适合入口的大小。

西芹…… 1株

→ 去除叶子，再切成适合入口的大小。

做法

将所有材料放入料理机中搅拌均匀，即可享用。

58
kcal

point

具有稳定情绪、缓解压力等功效的西芹，加上富含维生素C的葡萄柚及可放松身心的生菜，就成了一杯可有效舒缓情绪的舒压果昔。

压力一旦长期累积，将导致身体亮红灯，健康出状况。因此，必须养成适时排解压力的习惯。当人体感到压力时，会大量消耗具有抗压作用的维生素C，建议平日可多补充。此外，维生素C的水溶性极佳，含有维生素C的水果非常适合制成蔬果汁。

消除身体压力

香蕉解压咖啡

材料

香蕉…… 1根
→ 去皮后，切成适合入口的大小。
浓缩咖啡……30ml
豆浆……100ml

做法

先将浓缩咖啡倒入杯中，再将搅拌均匀的香蕉与豆浆快速地倒入杯中，稍微混合，即可享用。

浓缩咖啡亦可使用较浓的美式咖啡代替，请尽量使用无糖无奶的黑咖啡。

point

咖啡的香气可帮助放松情绪，让人身心舒畅；而豆浆中的大豆异黄酮，可帮助消除焦躁情绪。

128
kcal

身 体 疲 劳

肩 膀 酸 痛

有效消除酸痛

热芦笋解痛饮

材料

芦笋…… 2根

　→ 切除根部，再切成适合
　入口的大小。

土豆…… 1个

　→ 去皮后，切成适合入口
　的大小。

牛奶…… 100ml

盐巴…… 少许

做法

土豆洗净后，煮熟，再
连同其他材料放入料理
机中搅拌，最后放入微
波炉加热，即可享用。

181
kcal

point

芦笋含有丰富的天冬氨
酸，具有消除倦怠感的功
效，可有效改善因疲劳引
起的肩膀酸痛等症状。

超有饱腹感的蔬菜汤

热西红柿代谢饮

材料

西红柿…… 1个

　→ 去除蒂头后，切成适合
　入口的大小。

洋葱…… 1／4个

　→ 去皮后，切成适合入口
　的大小。

大蒜…… 少许

盐巴…… 少许

做法

将所有材料放入料理机
中搅拌均匀后，再以锅
子或微波炉加热，即可
享用。

47
kcal

point

乳酸堆积是造成疲劳的主
要原因。研究指出，西红
柿有促进乳酸代谢的功
效。此外，洋葱的香气可
温暖身体、缓解疲劳。

长期坐在电脑前，维持相同的姿势工作，容易引起手麻脚酸、全身酸痛。这是因为长时间维持相同姿势，导致血液循环不良所致。因此，只要身体温暖、血液循环顺畅，即可舒缓肩膀酸痛的症状。

身体疲劳

眼睛酸涩

缓解眼睛疲劳

明目蓝莓果昔

材料

蓝莓······50g

香蕉······1根

→ 去皮后，切成适合入口的大小。

酸奶······1/4杯

做法

将所有材料放入料理机中搅拌均匀，即可享用。

134 kcal

point

蓝莓含有丰富的花青素，可有效改善眼睛的不适，再加上富含维生素B_1的香蕉，两者一起饮用，效果更佳。

长时间使用电脑或智能手机，容易感到眼睛酸涩。蓝莓含花青素，具有缓解眼睛疲劳的功效。此外，也含有能保护眼睛黏膜组织的胡萝卜素，及可维持视神经正常运作的维生素B$_1$，是保护眼睛的最佳水果。

提升免疫力

紫色活力果昔

材料

黑加仑⋯⋯ 20g

柳橙⋯⋯ 1个

→ 去皮后，切成适合入口的大小。

做法

将所有材料放入料理机中搅拌均匀，即可享用。

69
kcal

point

黑加仑中亦含有丰富的花青素，护眼效果等同蓝莓。当身体疲劳、眼睛酸涩的情况无法改善时，可加入柳橙等富含维生素C的水果，帮助提高免疫力。

身 体 疲 劳

睡 眠 不 足

喝完后睡更好！

热土豆安眠饮

材料

土豆…… 1小个

→ 去皮后，切成适合入口的大小。

牛奶…… 100ml

盐巴…… 少许

做法

土豆洗净后，用微波炉加热约 3 分钟。将所有材料放入料理机中搅拌，再放入微波炉或锅中加热，即可享用。

139 *kcal*

point

土豆与牛奶皆含有可帮助入眠的色氨酸，而土豆因含淀粉多，所含的维生素C具有较高的耐热性，即使加热，营养成分也不会流失。

放松身心好滋味

热玉米助眠饮

材料

罐装玉米粒…… 100g

牛奶…… 100ml

盐巴…… 少许

做法

将所有材料放入料理机中搅拌均匀后，再放入微波炉或锅中加热，即可享用。

152 *kcal*

point

玉米含维生素E，能促进血液循环，温暖身体。若与牛奶一起饮用，可提高助眠效果。

睡眠不足容易造成身体疲劳，因此请尽量维持固定且规律的睡眠时间。研究指出，牛奶所含的色氨酸可舒缓情绪，若在睡前饮用，可有效帮助入眠。建议不妨在睡前饮用一杯温热的蔬果汁，让自己一觉好眠到天亮。

身 体 疲 劳

夏季中暑

果肉浓稠、口感顺滑

白桃消暑果昔

材 料

李子…… 1个

→ 去核后，连皮洗净后备用。

桃子…… 1个

→ 去核、去皮后，切成适合
入口的大小。

做 法

将所有材料放入料理机中搅拌均匀，即可享用。

76
kcal

point

李子含大量有机酸；桃子含果糖，可快速补充身体能量，消除疲劳。

成熟的李子质地柔软，可直接以手捏烂后去核，放入料理机中搅拌。此外，也可用桃子罐头代替新鲜桃子。

夏季天气炎热，是造成中暑、头晕等身体不适的主因。人体为了保持体力，会消耗维生素B_1，将糖类转化为能量。因此很容易造成维生素B_1缺乏，使乳酸等疲劳物质久积不散，疲劳感自然无法消除。此时，只要多摄取维生素C及柠檬酸，即可消除疲劳。

炎炎夏日最需要的
西兰花消凉饮

材 料

西兰花⋯⋯ 2朵

葡萄柚⋯⋯ 1 / 2个

　　→ 去皮后，切成适合入
　　　口的大小。

酸奶⋯⋯ 1 / 4杯

蜂蜜⋯⋯ 2小匙

做 法

将全部的材料和1匙蜂蜜放入料理机搅拌均匀，倒入杯中后，再淋上剩余的蜂蜜，即可享用。

124
kcal

point

西兰花含大量维生素C，亦含有能预防中暑的维生素B_1，适合与葡萄柚一起饮用，抗暑效果加倍。

身体疲劳

口腔发炎

改善身体的发炎、水肿

消炎南瓜饮

南瓜具有极高的营养价值，含有能保护黏膜组织的胡萝卜素、维生素B$_1$、维生素B$_2$等成分。此外，香蕉含丰富的B族维生素，同样具有消炎消肿的功效。

材料

南瓜……50g

　→ 切成适合入口的大小。

香蕉……1根

　→ 去皮后，切成适合入口的大小。

牛奶……100g

蜂蜜……1小匙

做法

南瓜洗净后，放入微波炉加热约2分钟，取出后放凉备用。将全部材料放入料理机中搅拌均匀，即可享用。

214
kcal

研究指出，压力过大、睡眠不足、营养不良等，是造成口腔发炎的主要原因。而B族维生素具有强化口腔黏膜组织的功效，当口腔发炎，久久无法痊愈时，不妨多补充B族维生素，可有效改善症状。

停不了口的浓稠口感

牛油果豆浆果昔

材 料

牛油果…… 1／5个

→ 去皮后，切成适合入口的大小。

苹果…… 1／2个

→ 去除果核后，连皮切成适合入口的大小。

豆浆…… 100ml

做 法

将所有材料放入料理机中搅拌均匀，即可享用。

178
kcal

point

牛油果富含能预防口腔发炎的维生素B$_2$，可保护皮肤及黏膜组织；苹果含膳食纤维，可改善肠道环境，将堆积于体内的老废物质排出。

How to

如何正确切牛油果？

01
手拿牛油果，用水果刀纵切至果核处，沿着果核绕一圈切出刀痕。

02
轻轻扭转果实，将牛油果分为2等份。

03
纵切连着果核的那一半，借此去除果核。

04
以手剥除外皮，并将果肉完全取下。这种切法，适用于有核类的水果，如桃子、李子等。

7天提升免疫力的
彩虹蔬果汁

免疫力是抵抗病毒与细菌的最佳防护罩，但现代人生活忙碌、三餐无法定时定量，容易引起失眠和压力过大等，皆会导致免疫力下降。建议连续一周饮用本篇介绍的蔬果汁，提升免疫力，重拾活力与健康。

9种提升免疫力的食材

A 小油菜

含有丰富的维生素C、维生素E及胡萝卜素，可保护皮肤与黏膜组织；与绿色蔬菜一起食用，可发挥强大的抗氧化作用。

B 香芹

俗称"巴西利"，含有丰富的维生素，且易保存。但口感较生涩，建议搭配苹果、菠萝等甜味较高的水果，制作成蔬果汁。

C 胡萝卜

富含胡萝卜素，能提高免疫力，并保护皮肤与黏膜组织，使肌肤恢复弹性；其抗氧化作用能帮助身体预防老化，是养颜美容的圣品。

D 甜椒

甜椒的甜度比同种的青椒高，青涩味也较淡。红甜椒的营养价值极高，富含维生素C，可增强免疫力、养颜美容。

E 柠檬

柠檬的维生素含量极高，但由于无法一次大量食用，建议搭配其他味道强烈的食材饮用，降低酸味，更好入口。

F 菠萝

含有丰富的蛋白酶，可帮助消化，建议饭后2小时内食用；此外，菠萝含锰，可促进钙质吸收，强化骨骼。

G 姜

姜含姜辣素，能促进血液循环，加速新陈代谢，具有温暖身体的功效，可帮助提高免疫力。

H 圣女果

圣女果含番茄红素，具有抗氧化作用，能提高免疫力。而黄色的圣女果则含有丰富的胡萝卜素。

I 柳橙

富含可提高免疫力的维生素C，半个柳橙即可满足一天所需的维生素C摄取量。此外，亦含有柠檬酸，能消除疲劳。

制作 7 天 彩 虹 蔬 果 汁 的 材 料

圣女果（红色、黄色）…… 各1盒

柳橙…… 1个

菠萝…… 1／2个

小油菜…… 1株

红甜椒…… 1个

香芹…… 1把

胡萝卜…… 1根

柠檬…… 2个

姜…… 适量

每天需要的分量

Mon
黄色圣女果
　……1盒（10颗）
香芹……1朵
柠檬……1／2个

Tue
柳橙……1／2个
红甜椒……1／2个
胡萝卜……1／3根

Wed
菠萝……100g
胡萝卜……1／3根
姜……1片
柠檬……1／4个

Thu
菠萝……100g
柠檬……1／2个
小油菜……1株

Fri
菠萝……100g
香芹……1朵
柠檬……1／4个

Sat
柳橙……1／2个
柠檬……1／4个
胡萝卜……1／3根
姜……1片

Sun
红色圣女果
　……1盒（8颗）
红甜椒……1／2个
柠檬……1／4个
姜……1片

美味小贴士

①柠檬、菠萝、圣女果、柳橙的含水量较多，请使用新鲜水果，勿使用冷冻食材，以免稀释口感。

②先将食材处理好并放入附盖的容器，或可密封的保鲜袋中，保存备用。使用时，只需取出后放入料理机搅拌，可简化制作过程。

③当料理机内的水不足时，可依个人喜好加入适量的冷水，或其他天然饮品。

香芹绿果昔

材料

黄色圣女果…… 10颗

→ 洗净后，将蒂头去除备用。

香芹…… 1朵

→ 以手撕碎成小块状。

柠檬…… 1／2个

→ 去皮后，切成适合入口的大小。

做法

将所有材料放入料理机中
搅拌均匀，即可享用。

63
kcal

柳橙橘果昔

材料

柳橙…… 1／2个

→ 去皮后，切成适合入口的大小。

红甜椒…… 1／2个

→ 去除蒂头与籽后，切成适合入口的大小。

胡萝卜…… 1／3根

→ 洗净后，切成适合入口的大小。

做法

将所有材料放入料理机中
搅拌均匀，即可享用。

74
kcal

甜姜黄果昔

材料

菠萝…… 100g

→ 切成适合入口的大小。

胡萝卜…… 1/3根

→ 洗净后，切成适合入口的大小。

姜…… 1片

→ 洗净后，去皮备用。

柠檬…… 1/4个

→ 去皮后，切成适合入口的大小。

做法

将所有材料放入料理机中
搅拌均匀，即可享用。

89
kcal

蔬菜青果昔

材料

菠萝…… 100g

→ 切成适合入口的大小。

柠檬…… 1/2个

→ 去皮后，切成适合入口的大小。

小油菜…… 1株

→ 切除根部后，切成适合入口的大小。

做法

将所有材料放入料理机中
搅拌均匀，即可享用。

78
kcal

综合绿果昔

材 料

菠萝⋯⋯ 100g

　→ 切成适合入口的大小。

香芹⋯⋯ 1朵

　→ 以手撕成小块状。

柠檬⋯⋯ 1／4个

　→ 去皮后，切成适合入口的大小。

做 法

将所有材料放入料理机中
搅拌均匀，即可享用。

66
kcal

胡萝卜果昔

材 料

柳橙⋯⋯ 1／2个

　→ 去皮后，切成适合入口的大小。

柠檬⋯⋯ 1／4个

　→ 去皮后，切成适合入口的大小。

胡萝卜⋯⋯ 1／3根

　→ 洗净后，切成适合入口的大小。

姜⋯⋯ 1片

　→ 洗净后，去皮备用。

做 法

将所有材料放入料理机中
搅拌均匀，即可享用。

67
kcal

圣女果红果昔

材料

红色圣女果…… 8颗

→ 洗净后，将蒂头去除备用。

红甜椒…… 1／2个

→ 去除蒂头与籽后，切成适合入口的大小。

柠檬…… 1／4个

→ 去皮后，切成适合入口的大小。

姜…… 1片

→ 洗净后，去皮备用。

做法

将所有材料放入料理机中搅拌均匀，即可享用。

59
kcal

肠胃不适

当饮食生活紊乱或长期压力累积，便容易引起便秘、腹泻、胃胀等不适症状。饮用蔬果汁能帮助摄取蔬菜中的膳食纤维，轻松达到健胃整肠、改善肠道环境等功效。

改善肠道的 4 大营养素

非水溶性膳食纤维

非水溶性膳食纤维可增加粪便体积，刺激肠道蠕动，促进排便。

建议食材●莲藕等根茎类

水溶性膳食纤维

因溶于水，可减缓糖分吸收的速度，于肠道内分解后，可增加有益菌数量，进而整顿肠道环境。

建议食材●苹果、柠檬、猕猴桃

乳酸菌

乳酸菌是人体内存在的一种微生物，当肠道内的乳酸菌增加时，即可抑制有害菌增殖，进而改善肠道环境。

建议食材●酸奶、乳酸菌饮料

低聚糖

具有提供养分、增加有益菌，进而活化肠道的作用。可以使用市售低聚糖，增添蔬果汁的风味。

建议食材●市售低聚糖、香蕉

这些症状也能喝！

便秘→ p.60　腹泻→ p.66　胃胀→ p.68

改善
肠胃不适

香蕉乳酸果昔

材料

香蕉⋯⋯ 1根

→ 剥皮后，切成适合入口的大小。

乳酸菌饮料⋯⋯ 65ml

低聚糖⋯⋯ 1小匙

柠檬汁⋯⋯ 1小匙

做法

将所有材料放入料理机中
搅拌均匀，即可享用。

139
kcal

point

香蕉含有丰富的非水溶性
膳食纤维与低聚糖，搭配
能帮助整顿胃肠的乳酸菌
饮料一同饮用，可提升整
肠功效，促进排便。

肠胃不适

便秘

促进消化、排便

山药美肠果昔

材料

山药……3cm

　　→ 去皮后，切成适合入口的大小。

香蕉……1根

　　→ 去皮后，切成适合入口的大小。

牛奶……50ml

低聚糖……1小匙

做法

将所有材料放入料理机中搅拌均匀后，即可享用。

141
kcal

point

山药的营养价值极高，内含丰富的水溶性膳食纤维及能够帮助消化的酵素。其所含的营养素亦具有促进新陈代谢的功效。

饮食生活紊乱、睡眠不足、长期压力累积等，是造成便秘的主因。养成积极摄取膳食纤维的习惯，可帮助刺激肠道运作，改善便秘症状。同时，增加肠内的有益菌，保持肠道健康也很重要。水分不足容易导致便秘，可通过饮用蔬果汁来补充水分。

消除体内的宿便

莲藕梨果昔

材料

莲藕⋯⋯ 1／2节

→ 去皮并去除硬筋后，切成适合入口的大小。

梨子⋯⋯ 1／2个

→ 去皮去核后，切成适合入口的大小。

柠檬汁⋯⋯ 2小匙

蜂蜜⋯⋯ 1小匙

做 法

将所有材料放入料理机中搅拌均匀后，即可享用。

97
kcal

point

莲藕含有丰富的非水溶性膳食纤维，可消除便秘；梨子则能保护肝脏、促进消化，达到健胃整肠的功效。

有效整肠健胃

火龙果纤维饮

材料

火龙果⋯⋯ 1／4个

→ 去皮后，切成适合入口的大小。

菠萝⋯⋯ 150g

→ 切成适合入口的大小。

做法

将菠萝与酸奶放入料理机中搅拌均匀，最后加入火龙果块，再次搅拌即可享用。

point

火龙果含丰富的水溶性膳食纤维；菠萝则含非水溶性膳食纤维，两者相互搭配饮用，可有效消除便秘。

125
kcal

How to

如何正确切火龙果？

01
将火龙果横摆，放在砧板上，纵切剖半。

02
再一次纵切剖半，将火龙果切成4等份。

03
手握火龙果的蒂头，即可漂亮地将外皮剥除。剥皮后，再将果肉切成适合入口的大小。

火龙果分为白肉（右）与红肉（左）两种，两者的营养价值皆很高。火龙果口味清爽甘甜，据研究指出，其具有抗氧化、降低胆固醇的功效，是近年来备受瞩目的热门健康水果。

可当作正餐的健康饮品

西红柿菇菇饮

材 料

西红柿⋯⋯ 1个

→ 去除蒂头后，切成适合入口的
大小。

芝麻叶⋯⋯ 2株

→ 以手撕碎成小块状。

金针菇⋯⋯ 1／2袋

→ 切除根部后，放入滚水中汆烫
约1分钟，再取出滤干备用。

柠檬⋯⋯ 1／4个

→ 去皮后，切成一口大小的块状。

做 法

将所有材料放入料理机中搅
拌均匀，即可享用。

51
kcal

point

芝麻叶中含有异硫氰酸
盐，是一种辛辣成分，
可促进胃酸分泌，整顿
肠道。萝卜及山葵等植物
中，亦含有相同成分，可
多食用。

肠胃不适

腹泻

有效止泻、整肠

木瓜整肠果昔

材料

木瓜······ 1／4个

→ 去皮去籽后，切成适
合入口的大小。

桃子······ 1／2个

→ 去皮去核后，切成适
合入口的大小。

深焙浓茶······ 50ml

做法

将所有材料放入料理机中搅
拌均匀，即可享用。

(59 kcal)

也可使用桃子罐头
代替新鲜桃子。

point

焙茶的咖啡因含量较少，
刺激性低，适合轻微腹泻
时饮用。木瓜则可补充因
腹泻所流失的维生素。

腹泻时粪便的含水量异常增加，易使体内水分减少、失衡，导致脱水症状及体力降低。本篇所介绍的蔬果汁可帮助肠道恢复正常，补充营养。腹泻时，可多摄取低刺激性、易于消化的食物，减轻肠胃负担。

一杯补充膳食纤维

萝卜酵素饮

材料

萝卜······ 1／3根

→ 去皮后，切成适合入口的大小。

苹果······ 1／4个

→ 去核，带皮切成适合入口的大小。

酸奶······ 1／2杯

蜂蜜······ 2小匙

做法

将所有材料放入料理机中搅拌均匀，即可享用。

152
kcal

point

萝卜含有消化酵素淀粉酶，搭配苹果一同饮用，可达到极佳的整肠作用。

胃 胀

胃痛时的最佳饮品

卷心菜健胃饮

材料

卷心菜·····100g

　　→ 切成适合入口的大小。

苹果·····1／2个

　　→ 去核，带皮切成适合
　　　 入口的大小。

青紫苏·····5片

做法

将所有材料放入料理机中，
并加入适量冷水搅拌均匀，
即可享用。

102
kcal

point

卷心菜含丰富的维生素U，
是一种能保护胃部黏膜组
织、活化肠道功能的营养
素。卷心菜可与苹果一同饮
用，可改善胃部不适。

三餐不定时定量、暴饮暴食，易造成胃胀、胃部有沉重感，导致饮食困难或食欲不振。此时，不妨多摄取能改善胃部情况的蔬果，促进消化，补充营养。卷心菜含维生素U，可保护胃部黏膜组织、有效维持胃部健康，适合在胃痛、胃胀时饮用。

口感清爽，提神又醒脑

薄荷芒果饮

材料

芒果⋯⋯ 1个

→ 切成适合入口的大小。

薄荷⋯⋯ 20g

做法

将所有材料放入料理机中搅拌均匀，即可享用。

134
kcal

point

薄荷能健胃整肠、舒缓胃痉挛、胸口灼热等症状，再搭配能保护胃部黏膜组织的芒果，可有效补充营养，恢复元气。

养颜美容

人体一旦缺乏维生素C，将导致橘皮组织生成、肌肤松弛、掉发和肤色暗沉等烦恼。由于人体无法自行制造维生素C，因此，建议每天饮用一杯养颜美容的蔬果昔，轻松补充营养。

有效养颜美容的4大营养素

维生素C

能促进胶原蛋白合成，并抑制黑色素形成，预防斑点、雀斑等肌肤问题，是一种具有良好美容功效的营养素。

建议食材●柑橘类、小油菜

维生素A

可强化皮肤及黏膜，让肌肤常保水润，发质更强韧。此外，亦具有预防痤疮、细菌感染等功效。

建议食材●青紫苏、胡萝卜

维生素E

被称为"延缓老化的维生素"，具有极佳的抗氧化作用。此外，亦可让血液循环顺畅，有效保持肌肤光泽。

建议食材●牛油果、甜椒

大豆异黄酮

大豆异黄酮是一种类似雌激素的物质，可调节激素平衡，达到延缓老化和缓解绝经综合征等功效。

建议食材●大豆、豆浆、豆腐

还有这些功效！

淡化斑点 → p.72

消除橘皮 → p.74

改善干燥肌肤 → p.76

改善青春痘 → p.78

改善干枯发质 → p.80

抗老美白 → p.82

圣女果美肌果昔

材料

圣女果…… 5颗

　→ 清洗干净，去除蒂头后备用。

小油菜…… 1株

　→ 去除根部后，切成适合入口的大小。

市售蔬菜汁…… 100ml（可依个人口味挑选）

柠檬汁…… 2小匙

做法

将所有材料放入料理机中搅拌均匀，即可享用。

60
kcal

point

圣女果含番茄红素，具有极佳的抗氧化作用，能够延缓细胞老化；小油菜则富含维生素C，可养颜美容。爱美的女性朋友，不妨多喝。

淡化斑点

比净肤激光更有效！

黄金美白果昔

材料

黄金猕猴桃······ 1个

　→ 去皮后，切成适合入口
　　的大小。

木瓜······ 1／3个

　→ 去皮去籽后，切成适合
　　入口的大小。

做法

将木瓜放入料理机中搅拌至黏稠状，再加入猕猴桃，稍微搅拌一下即可，以免破坏猕猴桃籽的营养。

87
kcal

point

黄金猕猴桃的维生素C含量比绿色猕猴桃丰富，营养价值更高。此外，与同样富含维生素C的木瓜一起饮用，美肌效果加倍。

长期曝晒，会造成肌肤黑色素沉淀，形成斑点。摄取维生素C可帮助抑制黑色素的形成，有效抗斑美白。人体在制造胶原蛋白时，会大量地消耗维生素C，不过，只要每天补充，就能有效预防斑点生成。

每天喝，永葆青春！

微酸美人饮

材料

芒果…… 1／5个

→ 去皮后，切成适合入口的大小。

柳橙…… 1／2个

→ 去皮后，切成适合入口的大小。

草莓…… 5颗

→ 清洗干净，去除蒂头后备用。

做法

将所有材料放入料理机中搅拌均匀，即可享用。

79
kcal

point

芒果、柳橙、草莓富含维生素C；芒果亦含有丰富的多酚，具有抗皱防老的功效。适合每天饮用，效果加倍。

消除橘皮

净化体内血液

明日叶能量果昔

材料

明日叶…… 2株

→ 去皮后，切成适合入口的大小。

菠萝…… 150g

→ 切成适合入口的大小。

姜…… 1片

→ 清洗干净，去皮备用。

做法

将所有材料放入料理机中搅拌均匀，即可享用。

89 kcal

橘皮组织的克星

红粉佳人果昔

材料

无花果…… 1个

→ 带皮切成适合入口的大小。

覆盆子…… 45g

酸奶…… 1／4杯

低聚糖…… 1小匙

做法

将所有材料放入料理机中搅拌均匀，即可享用。

99 kcal

当形成皮下脂肪的脂肪细胞代谢不顺畅时，体内的老废物质及多余水分就会蓄积导致橘皮组织的产生，影响腿部外观。建议多喝本篇介绍的果昔，可帮助消除恼人的橘皮。

养颜美容

改善干燥肌肤

补充肌肤的水分

牛油果营养果昔

材料

牛油果…… 1／4个

→ 去核去皮后，切成适合入口的大小。

小油菜…… 1株

→ 去除根部后，切成适合入口的大小。

香蕉…… 中等大小的1／2根

→ 去皮后，切成适合入口的大小。

牛奶…… 50ml

做法

将所有材料放入料理机中搅拌均匀，即可享用。

145
kcal

point

牛油果含有丰富的维生素E，可改善血液循环；牛奶则能补充维生素B_2，促进脂肪代谢，预防肥胖。小油菜适合与香蕉共同食用，可补充营养。

若想改善肌肤干燥，必须先促进新陈代谢。除了具养颜美容功效的维生素C外，维生素A也能保护皮肤与黏膜；维生素E则能改善血液循环，提供细胞营养。只要均衡摄取维生素A、维生素C、维生素E，便能有效改善肌肤干燥。此外，可适量摄取好的油脂，如橄榄油、亚麻籽油等。

有效延缓肌肤老化
超抗氧蔬果昔

材料

西红柿······ 1个

→ 去除蒂头后，切成适合入口的大小。

罗勒······ 2片

柠檬······ 1／2个

→ 去皮后，切成适合入口的大小。

橄榄油······ 少许

做法

将除橄榄油以外的所有材料放入料理机中搅拌均匀，倒入杯中。淋上橄榄油，即可享用。

68
kcal

point

罗勒含有丰富的胡萝卜素，能帮助维持肌肤健康；西红柿则富含番茄红素，具有抗氧化作用；橄榄油能使肌肤光滑润泽。

养颜美容

改善青春痘

让肌肤光滑细致

酸甜西红柿果昔

材料

西红柿……1个

→ 去除蒂头后，切成适合入口的大小。

红甜椒……1／3个

→ 去除蒂头与籽后，切成适合入口的大小。

柠檬……1／4个

→ 去皮后，切成适合入口的大小。

做法

将所有材料放入料理机中搅拌均匀，即可享用。

65 kcal

point

甜椒含胡萝卜素，搭配含番茄红素的西红柿，能帮助治疗青春痘。此外柠檬含维生素C，具有抗氧化作用。

略苦却回甘的好滋味

多C绿果昔

材料

苹果……1／4个

→ 去核，带皮切成适合入口的大小。

羽衣甘蓝……1大片

→ 切成适合入口的大小。

香蕉……中等大小的1／2根

→ 去皮，切成适合入口的大小。

柠檬……1／2个

做法

将所有材料放入料理机中，并加入适量冷水搅拌均匀即可。

127 kcal

point

羽衣甘蓝含有丰富的维生素C、钙、镁、叶酸等营养素，再搭配带有甜味的香蕉与苹果，口感极佳。

也可以用两朵西兰花代替羽衣甘蓝。

压力大、睡眠不足、体寒、生活习惯紊乱等，可能导致皮脂分泌过剩，进而堵塞毛孔，形成痤疮、青春痘等问题。此外，长期便秘将导致体内老废物质堆积，肤质变差。不妨多喝本篇介绍的蔬果昔，由内而外地彻底改善肤质。

养颜美容

改善干枯发质

养颜美容

喝出健康发质
黑芝麻健发饮

黑芝麻含有铁与钙，能维持毛发健康；牛油果则含维生素E，可促进血液循环，将营养送至头皮各处。

材料
牛油果…… 1／3个
　　→ 去核去皮后，切成
　　　适合入口的大小。
黑芝麻…… 1小匙
豆浆…… 100ml
蜂蜜…… 1小匙

做法
将所有材料放入料理机中搅拌均匀，即可享用。

168
kcal

紫外线照射、吹风机的热风、染烫发等，皆是造成发质受损的原因。为了让头发常保健康与光泽，必须保持头皮的血液循环顺畅，才能将维生素与矿物质等营养素顺利传递至头发。因此，请多摄取能促进血液循环的维生素E，找回光彩亮丽的乌黑秀发吧！

打造光泽秀发

杨枝甘露果昔

材料

菠萝…… 50g

　→ 切成适合入口的大小。

芒果…… 1 / 4个

　→ 去皮后，切成适合入口的大小。

香蕉…… 较小的1 / 2根

　→ 去皮后，切成适合入口的大小。

椰奶…… 50ml

做法

将所有材料放入料理机中搅拌均匀，即可享用。

119
kcal

抗老美白

清除体内恼人的宿便

体内环保果昔

想要彻底抗老美白，必须从体内开始。建议平日可多摄取具有抗氧化作用的物质，以及补充类似雌激素的大豆异黄酮等，延缓身体老化。此外，消除便秘及去除体内多余的胆固醇，也是抗衰老的关键之一。只要体内无宿便，自然年轻有活力

材料

嫩豆腐······30g

毛豆（水煮并去除豆荚）······40g

豆浆······100g

脱脂鲜奶······ 4 小匙

做法

将所有材料放入料理机中
搅拌均匀，即可享用。

point

豆腐含有丰富的大豆异黄酮，能促进体内新陈代谢，滋润肌肤。此外，所含的皂苷，可抗氧化，达到抗老功效。

148
kcal

适合女性的天然保养品

石榴多酚果昔

材 料

石榴······ 1 / 4个

→ 去皮后，将果粒取出。

葡萄柚······ 1个

→ 去皮后，切成适合入口的大小。

低聚糖······ 1小匙

做 法

将所有材料放入料理机中
搅拌均匀，即可享用。

104
k c a l

point

石榴所含的多酚，是一种
极佳的抗老成分；葡萄柚
含维生素C，具有美白作
用。两者同时饮用，有效
美白抗老。

How to

如 何 正 确 切 石 榴 ？

01

先切除石榴上方的蒂头，
再用水果刀抵在其外皮上
均匀地划上刀痕。

02

将手指放入切有刀痕的位
置，并将外皮剥开，此时
果粒会自然掉落，建议在
下方摆放容器盛接。

03

用汤匙将果粒拨出，即可
开始制作蔬果汁。

7天找回逆龄美肌的
美颜蔬果汁

本篇将介绍提升女性健康与魅力的7日食谱，包括富含维生素的水果及调整雌激素的豆浆等，能促进体内的新陈代谢，找回美丽与健康。

提升女人味的6大食材

Ⓐ 葡萄柚

含维生素C、水溶性膳食纤维、果胶和钾，有助排出体内的老废物质，促进新陈代谢。

Ⓑ 香蕉

富含胡萝卜素、B族维生素、维生素C，其中，B族维生素对肌肤有极佳的美容和保湿功效。特别是熟透、外皮带有斑点的香蕉，抗氧化效果更显著。

Ⓒ 菠萝

含胡萝卜素，可促进新陈代谢，滋润肌肤。此外，亦含有丰富的B族维生素、维生素C，有助于美白、抗氧化，达到预防黑斑和雀斑的功效。

Ⓓ 覆盆子

富含植物纤维、维生素C、钾。近来有研究显示，内含的树莓酮有极佳的燃脂功效。

Ⓔ 蓝莓

除了含有护眼的花青素外，亦含有可促进胶原蛋白合成、养颜美容、抗老化的多种营养素。

Ⓕ 草莓

100g的草莓含有60mg的维生素C。食用草莓不仅有益胶原蛋白的合成，亦能预防黑色素沉淀，淡化黑斑与雀斑，有效明亮肌肤。

制作 7 天美颜蔬果汁的材料

草莓……1盒（约27颗）

香蕉……2小根

菠萝……1／2个

葡萄柚……1个

蓝莓……60g

覆盆子……160g

豆浆……200ml

低聚糖……适量

每天需要的分量

Mon
香蕉…… 1小根
菠萝…… 100g

Tue
葡萄柚…… 1／2个
草莓…… 7颗
覆盆子…… 20g

Wed
草莓…… 7颗
蓝莓…… 30g
覆盆子…… 30g

Thu
香蕉…… 1小根
覆盆子…… 50g
豆浆…… 100ml
低聚糖…… 2小匙

Fri
草莓…… 7颗
覆盆子…… 30g
豆浆…… 100ml
低聚糖…… 2小匙

Sat
菠萝…… 100g
葡萄柚…… 1／2个

Sun
菠萝…… 100g
蓝莓…… 30g
覆盆子…… 30g

美味小贴士

①若是使用两种以上的水果制作果昔，可先将水分较少的水果冷冻保存，让成品更具浓稠口感。

②需加入豆浆或果汁的果昔，建议先将水果制作成冷冻食材，并在半解冻的状态下放进料理机，以免水分过多，影响口感。

香蕉菠萝果昔

材 料

香蕉⋯⋯ 1小根

→ 去皮后，切成适合入口的大小。

菠萝⋯⋯ 100g

→ 切成适合入口的大小。

做 法

将所有材料放入料理机中
搅拌均匀，即可享用。

103
kcal

红柚甜果昔

材 料

葡萄柚⋯⋯ 1／2个

→ 去皮后，切成适合入口的大小。

草莓⋯⋯ 7颗

→ 清洗干净，去除蒂头备用。

覆盆子⋯⋯ 20g

做 法

将所有材料放入料理机中
搅拌均匀，即可享用。

83
kcal

Wed

双莓果昔

材料

草莓······ 7颗

→ 清洗干净，去除蒂头备用。

蓝莓······ 30g

覆盆子······ 30g

做法

将所有材料放入料理机中
搅拌均匀，即可享用。

62
k c a l

Thu

覆盆子豆浆

材料

香蕉······ 1小根

→ 去皮后，切成适合入口的大小。

覆盆子······ 50g

豆浆······ 100ml

低聚糖······ 2小匙

做法

将所有材料放入料理机中
搅拌均匀，即可享用。

140
k c a l

Fri

草莓豆浆饮

材 料

草莓······ 7颗

　→ 清洗干净，去除蒂头备用。

覆盆子······ 30g

豆浆······ 100ml

低聚糖······ 2小匙

做 法

将所有材料放入料理机中
搅拌均匀，即可享用。

116
k c a l

Sat

菠萝葡萄柚果昔

材 料

菠萝······ 100g

　→ 切成适合入口的大小。

葡萄柚······ 1／2个

　→ 去皮后，切成适合入口的大小。

做 法

将所有材料放入料理机中
搅拌均匀，即可享用。

91
k c a l

Sun

好心情莓果昔

材料

菠萝······ 100g
→ 切成适合入口的大小。

蓝莓······ 30g

覆盆子······ 30g

做法
将所有材料放入料理机中
搅拌均匀，即可享用。

78
kcal

减肥瘦身

肥胖是人们永远的烦恼，过度节食又容易造成营养不良或心理压力，导致身心亮红灯。因此，不妨通过饮用蔬果汁，避免过度进食，同时补充不足的营养，轻松拥有饱腹感与曼妙身材。

帮助瘦身的4大营养素

膳食纤维

减肥时，非常容易便秘，建议均衡摄取水溶性和非水溶性膳食纤维，保持肠道畅通，自然就会瘦。

建议食材●菠萝、西芹

番茄红素

常见于西红柿和甜椒等红色蔬果中，能抑制血糖快速上升，具有代谢脂肪的功效，避免赘肉囤积。

建议食材●西红柿、甜椒

B族维生素

可促进体内新陈代谢，帮助食物转化成能量、促进脂肪燃烧，是身体不可或缺的重要营养素。

建议食材●牛油果、香蕉

维生素E

具有抗氧化作用，还可促进血液循环，提高代谢率，帮助减肥瘦身。

建议食材●甜椒、西兰花

还有这些功效！

改善体质 → p.94

净化排毒 → p.98

减少饥饿感 → p.100

喝出
好身材

蔬菜瘦身果昔

材料

香蕉…… 中等大小 1／2 根

　→ 去皮后，切成适合入口的大小。

小白菜…… 3 大片

　→ 切成一口大小的片状。

现榨葡萄柚汁…… 50ml

做法

将所有材料放入料理机中
搅拌均匀，即可享用。

60
kcal

point
同时含有营养丰富的香
蕉、含有胡萝卜素的小白
菜及富含维生素C的葡萄
柚。只要每天饮用一杯，
就能轻松打造曼妙身材。

改善体质

减肥瘦身

"三高"者的最佳饮品
降血糖果昔

材料

京水菜······ 1束

　　→ 去除根部后，切成适合
　　　入口的大小。

菠萝······ 80g

　　→ 切成适合入口的大小。

柠檬······ 1/4个

　　→ 去皮后，切成适合入口
　　　的大小。

酸奶······ 1/4杯

做法

将所有材料放入料理机中
搅拌均匀，即可享用。

123
kcal

point

菠萝富含蛋白酶；京水菜
热量低且营养充足。建议
饭前饮用，有助抑制血糖
快速上升。

暴饮暴食、摄取过多热量时，不仅容易造成脂肪堆积，还会引起高胆固醇及高血糖等。因此，平日可积极摄取膳食纤维，帮助降低胆固醇，打造不易发胖的健康体质。

排出体内的老废物质

白柚纤体果昔

材料

葡萄柚······ 1／2个

　　⟶ 去皮，切成适合入口的大小。

莲藕······ 2／3节

　　⟶ 去皮，分段切成适合入口的大小。

低聚糖······ 2小匙

做法

将所有材料放入料理机中
搅拌均匀，即可享用。

107
kcal

point

葡萄柚含膳食纤维，莲藕
含黏蛋白，皆能帮助代谢
体内多余的胆固醇，净化
身体。

帮助燃烧多余脂肪

超燃脂果昔

材料

西红柿…… 1个

> → 去除蒂头后，切成适合
> 入口的大小。

覆盆子…… 45g

做法

将所有材料放入料理机中
搅拌均匀，即可享用。

46
kcal

point

西红柿含番茄红素，有降
低血糖的功效；覆盆子含
树莓酮，与辣椒的辣椒素
功能相似，有助脂肪燃烧。

point

黄甜椒能促进脂肪代谢；
菠萝则含丰富的膳食纤
维，可帮助消化，促进排
便，抑制胆固醇的吸收，
维持身体健康。

超好喝的微酸滋味

夏日纤体果昔

材料

黄甜椒…… 1／4个

→ 去除蒂头和籽后，切成适合
入口的大小。

菠萝…… 100g

→ 切成适合入口的大小。

酸奶…… 1／4杯

蜂蜜…… 1小匙

做法

将所有材料放入料理机中
搅拌均匀，即可享用。

113
k c a l

净化排毒

最天然的排毒饮品

苹果排毒饮

材料

苹果⋯⋯ 1 / 2个

→ 去核后,带皮切成
适合入口的大小。

洋葱⋯⋯ 1 / 4个

→ 去皮后,切成适合
入口的大小,再放
入滚水氽烫,取出
后沥干备用。

柠檬⋯⋯ 1 / 2个

→ 去皮后,切成适合
入口的大小。

酸奶⋯⋯ 1 / 4杯

做法

将所有材料放入料理机中
搅拌均匀,即可享用。

148
kcal

point

洋葱含有大量的槲皮素,
能吸附体内的有害物质并
排出体外;苹果和酸奶则
有益肠道健康。

日常生活中，我们常不自觉地摄取了过多有害物质，导致毒素常年积存于体内，危害身体健康而不自知。建议多摄取具有排毒和净化作用的营养素，以提升身体的代谢力。只要每天喝一杯排毒蔬果昔，便可帮助代谢多余的有害物质。

材 料

西红柿…… 1个

→ 去除蒂头后，切成适合入口的大小。

西芹…… 1/2束

→ 去除叶子后，切成适合入口的大小。

柠檬…… 1/2个

→ 去皮后，切成适合入口的大小。

做 法

将所有材料放入料理机中搅拌均匀，即可享用。

54
kcal

point

西红柿中含有的硒，是一种"天然解毒剂"，可中和体内的有害物质，提高身体的解毒力。西芹含有的膳食纤维亦可帮助排毒，清除宿便，净化身体。

快速解毒

西芹解毒果昔

减少饥饿感

热量低却营养十足

牛油果饱腹果昔

材料

牛油果…… 1／4个

→ 去皮去核后，切成
适合入口的大小。

嫩豆腐…… 50g

脱脂奶粉…… 4小匙

低聚糖…… 1小匙

做法

将所有材料放入料理机中
搅拌均匀，即可享用。

132
kcal

point

牛油果含油酸，可帮助代
谢，促进脂肪燃烧；豆腐
热量低，更含有大量大豆
卵磷脂，可降低胆固醇。

熬夜者必喝！

保肝蔬果昔

材料

香蕉…… 中等大小1根

→ 去皮后，切成适合入
口的大小。

西兰花芽…… 1／2包

→ 清洗后，将根部去除。

豆浆…… 50ml

做法

将所有材料放入料理机中
搅拌均匀，即可享用。

103
kcal

point

香蕉和豆浆的热量低，却
可让人快速获得饱腹感；
西兰花芽则可促进肝脏运
作，提升排毒力。

减肥最忌过度节食，容易导致营养不良及体力不足，再加上因膳食纤维摄取不足造成便秘，反而易让体内毒素累积，越减越肥。建议大家除了慎选减肥方法外，亦可多摄取低热量、高营养的食材，降低饥饿感，克服减肥难关。

女性烦恼

女性多半有手脚冰冷、水肿、贫血等不适症状，而绝经综合征、生理期不适等问题，更容易导致女性血液循环不畅、营养失调、雌性激素减少等。因此，本篇将介绍可有效改善上述问题的蔬果汁，让你重拾健康与美丽。

女性烦恼

改善女性健康的4大营养素

大豆异黄酮

是一种多酚类物质，与雌激素的作用相似，可改善因年龄增长、雌激素减少所造成的身心问题。

建议食材●豆浆、豆腐

维生素 E

是女性不可缺少的维生素，甚至被喻为"回春营养素"。能有改善血液循环，达到抗氧化、抗衰老的功效。

建议食材●南瓜、牛油果

铁

制造红细胞的主要元素，多吃含铁量高的食物，可预防贫血。女性在生理期和怀孕时，容易流失铁元素，只要积极补充，便可保持好气色。

建议食材●坚果、黄绿色蔬菜

膳食纤维

膳食纤维不足时，会造成肠道阻塞，产生便秘、手脚冰冷、下肢水肿、眩晕等各种不适症状。

建议食材●谷物、豆类

这些情况也能喝！

手脚冰冷 → p.104

四肢水肿 → p.108

眩晕贫血 → p.110

绝经综合征 → p.112

生理期不适 → p.114

草莓补铁果昔

材料

草莓…… 7颗

→ 清洗干净后，将蒂头去除备用。

香蕉…… 半根

→ 去皮后，切成适合入口的大小。

豆浆…… 100ml

脱脂奶粉…… 2小匙

做法

将所有材料放入料理机中
搅拌均匀，即可享用。

136
kcal

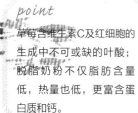

point

草莓含维生素C及红细胞的
生成中不可或缺的叶酸；
脱脂奶粉不仅脂肪含量
低，热量也低，更富含蛋
白质和钙。

女性烦恼

手 脚 冰 冷

促进血液循环

土豆热果昔

材料

大葱⋯⋯ 1／3根
→ 切成适合入口的大小。

土豆⋯⋯ 1／2个
→ 去皮后，切成适合入口的大小。

牛奶⋯⋯ 100ml

盐⋯⋯ 少许

做法

①将大葱和土豆清洗干净，于水中稍微浸泡，使其保持湿润，再放入微波炉加热约 3 分钟。

②将所有材料放入料理机中，并加入适量牛奶搅拌均匀，再放入微波炉或锅中加热，即可食用。

131 *kcal*

point

大葱含二烯丙基硫醚，可温补身体，适合加热饮用，味道更甘甜，亦可缓和其辛辣味；土豆则可让果昔口感更浓稠，增加饱腹感。

女性的体质相对于男性较阴寒，若无法让身体长时间保持温热状态，会引起许多隐性疾病。因此，饮用以温补食材制作的温热蔬果汁，可由内而外温暖身体，促进血液循环，改善手脚冰冷等症状。

有效抵抗流感病毒

西兰花补体饮

材料

西兰花…… 1／4棵
→ 连同菜梗，切成适合入口的大小。

土豆…… 1／2个
→ 去皮后，切成适合入口的大小。

牛奶…… 100ml

盐…… 少许

做法

① 土豆清洗干净，于水中稍微浸泡使其保持湿润，再放入微波炉加热约3分钟。

② 将所有材料倒入料理机搅拌均匀，再放入微波炉或锅中加热，即可享用。

point

西兰花富含胡萝卜素和维生素C，可提高免疫力，促进血液循环。

138
kcal

帮助补充雌激素

热南瓜暖胃饮

材料

南瓜……100g

→ 切成适合入口的大小。

豆浆……100ml

盐……少许

做法

①南瓜清洗干净，于水中稍微浸泡，使其保持湿润，再放入微波炉加热约5分钟。

②将所有材料倒入料理机搅拌均匀，再放入微波炉或锅中加热，即可享用。

139
k c a l

point

南瓜含维生素E、维生素C、B族维生素、钾元素等多种营养素，可改善手脚冰冷，预防水肿；豆浆则含大豆异黄酮，能补充雌激素。

安定心神，缓和情绪

热百合安神饮

材料

百合……1／2个

→ 剥除外皮后，清洗干净备用。

山药……2cm

→ 去皮后，切成适合入口的大小。

牛奶……100ml

盐……少许

做法

将盐以外的材料，全部放到料理机中，搅拌均匀至浓稠状，再放入微波炉或锅中加热。饮用前加入适量的盐调味，即可享用。

212
k c a l

point

百合是深受大众喜爱的中药材，具有预防感冒和安定心神的功效；山药则可滋补身体，它还含有丰富的膳食纤维，对改善便秘具有显著的效果。

女 性 烦 恼

四肢水肿

帮助消肿利尿

日式红豆利尿饮

材料

市售红豆馅······ 30g

嫩豆腐······ 50g

豆浆······ 100ml

盐渍樱花瓣······ 2瓣

　→ 先泡水，去除盐分后备用。

做法

将所有材料放入料理机中搅拌均匀，即可享用。

123
kcal

女性烦恼

point

红豆含皂苷及多酚，前者可改善四肢水肿，后者具有抗氧化作用。豆腐则含大豆异黄酮，可平衡体内的激素。

早上起来后，你是否感觉四肢水肿呢？或是每到傍晚就感到双腿无力，做什么都提不起劲？造成水肿的原因多为体质偏寒、盐分摄取过多、运动不足、激素失衡等。因此，只要营养充足，养成运动习惯，即可有效改善。

比甜点更美味！

哈密瓜香蕉果昔

point

哈密瓜和香蕉皆含有丰富的钾，可帮助代谢体内的多余盐分，改善水肿。此外，红肉哈密瓜含有胡萝卜素，可保护肌肤和黏膜，养颜美容。

材料

哈密瓜…… 100g
→ 切成适合入口的大小。

香蕉…… 1根
→ 去皮后，切成适合入口的大小。

做法

将所有材料放入料理机中搅拌均匀，即可享用。

119 kcal

左图使用红肉哈密瓜，右图则使用一般的哈密瓜，任选一种制作即可。

女 性 烦 恼

眩 晕 贫 血

最天然的补铁饮品
甜菜根补血饮

材 料

甜菜根（新鲜或罐装皆可）····· 20g

→ 使用新鲜甜菜根时，要先过水氽烫3次。

香蕉····· 半根

→ 去皮后，切成适合入口的大小。

菠萝····· 100g

→ 切成适合入口的大小。

柠檬汁····· 2小匙

做 法

将所有材料放入料理机中
搅拌均匀，即可享用。

100
kcal

准妈妈的最爱！
西梅酸奶饮

材 料

西梅干····· 2个

→ 去核，洗净后沥干备用。

苹果····· 1／3个

→ 去核去皮后，切成适合入口的大小。

酸奶····· 1／4杯

低聚糖····· 2小匙

做 法

将所有材料放入料理机中
搅拌均匀，即可享用。

188
kcal

当供给体内氧气的血红素不足时，就会引起贫血。女性在生理期、怀孕、生产时，特别容易因缺铁，导致疲劳、眩晕、头昏眼花等症状。只要补充适量的蛋白质，并搭配铁和锌等矿物质，提升吸收力，便可预防贫血。

point

甜菜根的营养价值高，含有丰富的铁元素，易于吸收，此外，也包含红细胞生成所需的叶酸，能改善贫血症状。

point

西梅含有维生素和矿物质，适合搭配苹果和酸奶一同食用，可加速铁元素吸收，效果更显著。

绝经综合征

维持体内激素稳定

黑糖豆浆饮

材料

香蕉····· 1／3根

→ 去皮后，切成适合入口的大小。

嫩豆腐····· 50g

豆浆····· 100ml

黄豆粉····· 4小匙

黑糖····· 2小匙

做法

将所有材料放入料理机中搅拌均匀，即可享用。

158 kcal

point

以大豆制成的豆腐和豆浆，含有丰富的大豆异黄酮；同样以大豆制成的黄豆粉，也含有相同成分。即将迈入围绝经期的女性朋友，可积极摄取上述食材，以维持体内激素的稳定。

女性进入"更年期"后，会因雌性激素减少，导致燥热、情绪不定、头晕、失眠等症状。此时，可多摄取含有大豆异黄酮的食物，调节激素，以减少不适，稳定情绪。

打造逆龄美肌

活颜蓝莓酸奶饮

材料

石榴……1／3个

→ 去皮后，将果粒取出。

蓝莓……50g

酸奶……1／2杯

做法

将所有材料放入料理机中搅拌均匀，即可享用。

108
kcal

point

石榴含有类似雌激素功效的成分；蓝莓含多酚，具有抗氧化作用。两者皆能帮助人们维持健康和美貌，建议女性朋友平日可多摄取。

生理期不适

生理痛时必喝！
热甜菜根牛奶饮

材料

甜菜根（新鲜或罐装皆可）

····· 30g

→ 使用新鲜甜菜根时，
要过水氽烫3次。

土豆····· 1个

→ 去皮后，切成适合
入口的大小。

牛奶····· 100ml

盐、胡椒····· 少许

做法

①土豆清洗干净，于水中
稍微浸泡，使其保持湿
润，再放入微波炉加热
约3分钟。

②将所有材料倒入料理机
搅拌均匀，再放入微波
炉或锅中加热，最后加
入适量的盐和胡椒提
味，即可享用。

point

甜菜根可补充因生理期所
流失的铁元素，再加上其
富含叶酸，可提高造血机
能。此外，土豆和牛奶能
缓和甜菜根的独特气味，
让口感更好。

184
kcal

女
性
烦
恼

女性在生理期时，容易出现下腹部疼痛、焦躁、头痛、呕吐等症状。寒性体质、血液循环较差者，其不适症状会更严重。这时，不妨饮用一杯温热的蔬果汁吧！可有效改善血液循环，缓解身体不适。

改善寒性体质

阳荷香柚果昔

材料

阳荷⋯⋯ 1颗

苹果⋯⋯ 1 / 4个

　　→ 去核，带皮切成适合入口的大小。

葡萄柚⋯⋯ 1 / 2个

　　→ 去皮后，切成适合入口的大小。

做法

将所有材料放入料理机中搅拌均匀，即可享用。

80
kcal

point

阳荷可改善生理痛和其他生理期不适症状。此外，它还能促进血液循环和消化机能，改善肠胃健康。

7道改善小病痛的对症蔬果汁

本篇针对各种常见的疾病，介绍可缓解症状和补充营养的健康蔬果汁。身体略感不适时，只要喝一杯对症蔬果汁，就可改善大病小痛。

提神醒脑

草莓和葡萄的甜味来自于内含的葡萄糖，可直接转化成脑部所需的养分与能量。制作时，不需使用水果刀，特别适合忙碌的上班族或学生。只要在出门前饮用，便可快速补充早晨所需的能量。

草莓活脑果昔

材料

草莓……6颗

→ 去除蒂头，清洗干净备用。

无籽葡萄……25颗

→ 清洗干净，连皮使用。

低聚糖……1小匙

做法

将所有材料放入料理机中
搅拌均匀，即可享用。

99
kcal

预防宿醉&解酒

生姜含姜辣素，可促进胆汁分泌，加速酒精代谢；柿子含酸涩的单宁成分，
有助分解造成宿醉的乙醛；再搭配富含维生素C的葡萄柚，口感更好。

甜柿解酒果昔

材料

柿子…… 1 / 2 个

→ 去皮去籽后，切成适合
  入口的大小。

葡萄柚…… 2 / 3 个

→ 去皮后，切成适合入口
  的大小。

做法

将所有材料放入料理机中
搅拌均匀，即可享用。

94
k c a l

生姜防醉饮

材料

生姜…… 1小节

→ 清洗干净，将皮去除。

葡萄柚…… 2/3个

→ 去皮后，切成适合入口的大小。

做法

将所有材料放入料理机中
搅拌均匀，即可享用。

56
k c a l

外食对策

常吃外食者，必须多补充新鲜蔬果。木瓜和菠萝各含有不同的蛋白酶，有助于消化肉类或鱼类等食物。由于这两种酶皆不耐高温，因此特别适合制成蔬果汁，帮助营养吸收。

天然酵素果昔

材 料

木瓜⸱⸱⸱⸱⸱ 1／3个

　→ 去皮去籽，切成适合入口的大小。

菠萝⸱⸱⸱⸱⸱ 100g

　→ 切成适合入口的大小。

葡萄柚⸱⸱⸱⸱⸱ 1／3个

　→ 去皮后，切成适合入口的大小。

做 法

将所有材料放入料理机中搅拌均匀，即可享用。

110
kcal

暴饮暴食

卷心菜含维生素U，可保护和修复胃肠黏膜，改善因过度饮食而疲乏的肠胃；苹果含果胶，可强健胃部；薄荷的主成分为薄荷醇，有放松肠胃的功效。

卷心菜护胃果昔

材料

卷心菜…… 100g

→ 切成适合入口的大小。

苹果…… 1／2个

→ 去核，带皮切成适合入口的大小。

薄荷…… 5g

低聚糖…… 1小匙

做法

将所有材料放入料理机中，再倒入适量冷水搅拌均匀，即可享用。

104
kcal

缓解肌肉酸痛

香蕉含有果糖和葡萄糖，可迅速转化为人体所需的养分与能量。柠檬含柠檬酸，可帮助消除疲劳，快速补充因运动流失的营养，缓解身体与肌肉的酸痛。

香蕉活力饮

材 料

香蕉······ 1根

　　→ 去皮后，切成适合入口的大小。

柠檬······ 1／2个

　　→ 去皮后，切成适合入口的大小。

酸奶······ 1／2杯

蜂蜜······ 2小匙

将所有材料放入料理机中
搅拌均匀，即可享用。

205
kcal

消除口臭

西红柿含番茄红素，可保持口腔健康；昆布也有预防口臭的功效。此外，梅干含柠檬酸，同样具有除臭杀菌的效果；紫苏的独特香味，可促进唾液分泌，滋润口腔，预防口臭。

西红柿紫苏饮

材料

西红柿…… 1个

→ 去除蒂头，切成适合入口的大小。

紫苏…… 2片

梅干…… 1颗

→ 去籽后备用。

昆布茶…… 2g

做法

将所有材料放入料理机中搅拌均匀，即可享用。

36
kcal

PART2

活用当季食材！
最新鲜的17道
美味蔬果汁

本章将介绍不同蔬果的清洗和处理方式，并搭配一道蔬果汁，让读者善用当季盛产的蔬果，方便又实用。

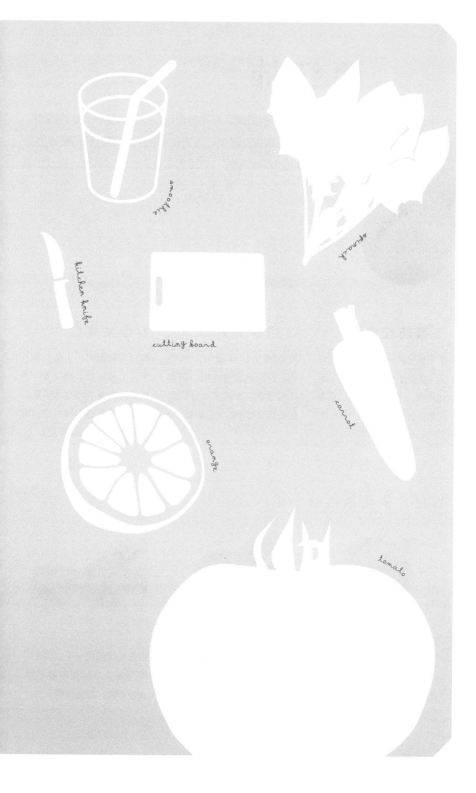

smoothie

spinach

kitchen knife

cutting board

carrot

orange

tomato

西红柿

西红柿是四季盛产的蔬果，可直接食用，亦可运用在各式料理中。夏季是西红柿最美味的时期，因为此时阳光充足，西红柿成熟度佳，甜分和营养价值皆很高。近来更有许多降低水含量、提升甜度的改良品种，可依个人口味喜好，进行挑选。

营养成分与功效

○ 番茄红素

西红柿富含一种名为"番茄红素"的类胡萝卜素，具有抗氧化作用，还可预防癌症，提高免疫力。

○ 胡萝卜素

具有预防动脉硬化、抗老化、预防癌症等作用。被人体吸收后，会转变成维护黏膜和肌肤健康的维生素A。

○ 维生素C

具有预防黑斑、雀斑，提升免疫力等功效。当胡萝卜素在体内转化为维生素A后，会和维生素C相辅相成，发挥更强大的抗氧化作用。

如何正确切西红柿？

01
使用一整个西红柿时，请先以水果刀沿着蒂头外围切割，再用刀锋去除蒂头。

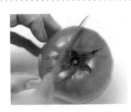

02
只需使用半个时，记得连蒂头也切成一半。使用锋利的水果刀较容易进行。

03
在蒂头周围切一个V字形，取下蒂头。尽量不要切掉太多果肉，避免浪费。

逆龄西红柿饮

西红柿水分充足，适合搭配各种食材；
草莓滋味甘甜，与西红柿搭配饮用，风味绝佳。

材料

西红柿…… 1个

　→ 去除蒂头，切成适合入口
　　的大小。

草莓…… 10颗

　→ 去除蒂头，洗净后备用。

做法

将所有材料放入料理机中
搅拌均匀，即可享用。

78
kcal

point

西红柿富含番茄红素和
维生素C；草莓也含有
丰富的维生素C，皆可
美容养颜。

小油菜

小油菜富含维生素A、维生素B₁、维生素B₂、维生素C及钙、磷、铁等矿物质，营养价值高。原来是冬季产的蔬菜，因温室栽培技术，目前四季皆可生产。此外，因其味道清淡，不具有苦涩的味道，非常适合制作蔬果汁。

营 养 成 分 与 功 效

○ 钙

小油菜的钙含量是菠菜的5倍，可巩固骨骼及牙齿，预防骨质疏松。

○ 胡萝卜素

小油菜的胡萝卜素含量远高于菠菜，被人体吸收后，会转化为维生素A，保护皮肤和黏膜，亦可预防动脉硬化、癌症，延缓细胞老化。

○ 膳食纤维

小油菜含有大量的膳食纤维，是消除便秘的重要营养素。此外，膳食纤维也可以抑制血糖飙升、预防大肠癌和糖尿病等疾病。

如何正确切小油菜？

01
先将根部去除。

02
根底部的凹凸处容易沾上泥土，务必记得用清水洗净。

03
切成适合入口的大小，茎叶要平均分配，不可浪费。

绿色大地

小油菜没有苦涩味，搭配苹果及柠檬，
可调出清爽且带有酸味的蔬果汁。

材 料

小油菜…… 1株

　→ 去除根部后，切成适合入
　　 口的大小。

苹果…… 1／4个

　→ 去核，连皮切成适合入口
　　 的大小。

柠檬…… 1／2个

　→ 去皮后，切成适合入口的
　　 大小。

低聚糖…… 2小匙

做 法

将所有材料放入料理机中
搅拌均匀，并加入适量冷
水调和，即可享用。

point

小油菜的膳食纤维丰富；
苹果含果胶，具有整肠作
用。两者搭配，可快速消
除便秘，清除宿便。

85
kcal

胡萝卜

胡萝卜营养丰富，且四季皆盛产，是实用且方便的食材。近年来，胡萝卜的品种已大幅改良，减弱一般人不喜欢的独特气味，更好入口。市售的许多品种已削皮，清洗干净后，便可直接使用。

营养成分与功效

○ 胡萝卜素

据说英文的Carrot（胡萝卜）就源于Carotene（胡萝卜素）一词。胡萝卜素具有抗氧化作用，可抑制活性氧的产生，减缓细胞老化的速度。

○ 膳食纤维

胡萝卜富含非水溶性膳食纤维，会增加粪便体积，刺激便意，促进排便。此外，亦可帮助代谢胆固醇和体内毒素。

○ 钾

可代谢体内多余的盐分，降低血压，预防脑卒中和高血压等心脑血管疾病，亦可改善水肿和虚冷体质。

如何正确切胡萝卜？

01
将胡萝卜洗净并削皮。

02
从顶端开始切，每段长度要相同。若使用高瓦数的料理机，胡萝卜可不用切块，直接放入即可。

03
胡萝卜的质地偏硬，建议切成小块，以缩短制作时间。

香橙恋人

搭配各式橙色食材，包括微酸的柳橙和甜甜
的芒果，可中和胡萝卜特有的气味。

材 料

胡萝卜…… 1／3根

　　→ 洗净后，切成适合入
　　　口的大小。

柳橙…… 1／2个

　　→ 去皮后，切成适合入
　　　口的大小。

芒果…… 1／3个

　　→ 切成适合入口的大小。

柠檬汁…… 2小匙

做 法

将所有材料放入料理机中
搅拌均匀，即可享用。

99
kcal

point

胡萝卜含胡萝卜素及丰
富的维生素C，搭配柳橙
和芒果，可大幅提升免
疫力。

菠菜

菠菜的盛产季是春季，其口感甘甜扎实，是黄绿色蔬菜的代表，富含维生素、矿物质等营养素。分为叶片较薄、可直接生吃的沙拉菠菜，以及叶片较厚、甜度较高的抗寒菠菜。

营养成分与功效

○ 铁

铁是菠菜最具代表性的营养成分。女性在生理期容易缺铁，而每100g的菠菜，其铁质含量与牛肝相等，预防贫血的效果非常好。

○ 维生素K

维生素K可稳定骨骼中的钙，也具有凝血功效，是人类不可或缺的营养素。肉类和鱼类中只含微量的维生素K，水果中则基本不含。

○ 维生素C

冬季生产的菠菜，维生素C含量比夏季生产的更多。维生素C是水溶性营养素，适合制成蔬果汁，吸收效果更佳。

如何正确切菠菜？

01
去除根部，若不喜欢菠菜的苦涩味，可先过水氽烫。

02
菠菜根部容易残留泥土，务必要清洗干净。

03
切成适合入口的大小。若使用高瓦数的料理机，不用切太细，直接放入即可。

材 料

菠菜⋯⋯ 1株

→ 去除根部后，切成适合入口的大小。

香蕉⋯⋯ 中等大小1／2根

→ 去皮后，切成适合入口的大小。

牛油果⋯⋯ 1／3个

→ 去皮去核后，切成适合入口的大小。

豆浆⋯⋯ 100ml

做 法

将所有材料放入料理机中
搅拌均匀，即可享用。

179
kcal

菠菜水手

使用菠菜搭配香蕉，口感顺滑美味。
牛油果口感浓郁，可增加饱腹感。

point

菠菜的苦味源自一种名
为"草酸"的成分，虽然
大量摄取草酸容易产生结
石，但在加热过程中，该
成分会流失，因此建议使
用"煮熟的菠菜"制作。

卷心菜

卷心菜含有丰富的膳食纤维、维生素及矿物质,适合制成各式美味料理。根据不同季节、产地,卷心菜的口感也略有不同,冬季清甜、夏季脆口,价格便宜且容易获得,是一年四季都能享用的美味。

营养成分与功效

○ 维生素C

卷心菜富含维生素C,不同部位的含量有些许差异,如颜色深的外侧叶片含量最多,其次是菜心周围的位置,依序递减。

○ 维生素U

维生素U可改善胃溃疡和十二指肠溃疡,亦可保护和修复受损的胃黏膜和十二指肠黏膜,使肠胃更健康。

○ 异硫氰酸盐

异硫氰酸盐是卷心菜特殊且重要的成分之一,能有效抑制癌细胞。十字花科的蔬菜多含此成分,其中卷心菜的含量最多。

如何正确切卷心菜?

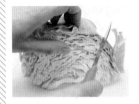

01
卷心菜的外部和内部营养含量不同,切的时候需特别注意,内外要平均使用。

02
务必切成适合入口的大小,以确保料理机可将卷心菜完全打至细碎状。

03
尽量切成均等大小,一片约5厘米长。

卷心菜菠萝饮

卷心菜略带苦味，适合以菠萝调和滋味，再加入酸奶，
可让口感更丰富浓稠。

材料

卷心菜……70g

　　→ 切成适合入口的大小。

菠萝……70g

　　→ 切成适合入口的大小。

柠檬汁……2小匙

酸奶……1／4杯

做法

将所有材料放入料理机中
搅拌均匀，即可享用。

87
kcal

point

卷心菜含维生素U，有益
胃部，再加入含有乳酸
菌的酸奶及膳食纤维丰富
的菠萝等，可有效消除便
秘，整肠排毒。

香蕉

香蕉的营养丰富，甚至有"神奇水果"的美名。一年四季皆盛产，价格平稳。带有黑色斑点的成熟香蕉，其多酚含量较高，适合制成果昔，也适合当作运动后的营养补给品。

营养成分与功效

○ 糖类

香蕉含有蔗糖、葡萄糖、果糖等多种糖类，可长时间维持体能。葡萄糖经小肠吸收转化后，会成为大脑的能量来源。

○ B族维生素

香蕉含有维生素B_1、维生素B_6、维生素B_3等有益代谢的B族维生素。当糖类和蛋白质在体内转化为能量后，会与维生素B相互作用，发挥最大功效。

○ 钾

香蕉的含钾量高，可排出血液中的多余盐分。只要积极摄取，便能有效降低血压，预防心脑血管疾病。

如何正确切香蕉？

01
先剥开一边的皮。

02
不要将果肉完全剥下，在香蕉皮里切成适合入口的大小后，可直接放入料理机，卫生又方便。

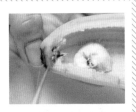

03
底部的黑色部分有苦味，请用水果刀去除，以免影响口感。

香蕉牛奶

营养爽口的黄金组合，可当作早餐饮用，
让你元气满满，饱腹感十足。

材料

香蕉…… 中等大小1根

→ 去皮后，切成适合入
口的大小。

牛奶…… 100ml

炼乳…… 1小匙

做法

将所有材料放入料理机中
搅拌均匀，即可享用。

171
k c a l

point

加入牛奶和炼乳后，可补
足香蕉所缺少的钙，帮助
摄取营养。

苹果

属于温带地区的水果，产季多在秋季。不过现今的储藏技术日新月异，秋季收获的苹果放到隔年夏季销售依旧新鲜，因此，一年四季都能享用到美味新鲜的苹果。苹果的品种繁多，可依个人喜好，选择不同的酸甜比例。

营养成分与功效

○ 果胶

属于水溶性膳食纤维的一种，进入肠内会吸收有害物质排出体外，可改善便秘。此外，亦有增加肠内乳酸菌和调整肠道的功效。

○ 多酚

苹果含有大量多酚，可抑制活性氧和细胞氧化，达到延缓衰老、养颜美容的功效。

○ 有机酸

苹果富含苹果酸、柠檬酸等有机酸，有助于肠胃健康和消除疲劳，并具有杀菌作用，可抑制肠道有害菌增殖，调整体内环境。

如何正确切苹果？

01
清洗干净后，用水果刀切成两半。

02
从中间再切成四等份。

03
用水果刀在果心处切V字形去核，带梗的凹陷处容易有脏污残留，请一并去除。

苹果酸奶饮

口感酸甜温润，大人小孩都喜欢。加入少许柠檬，风味更佳。

材料

苹果⋯⋯ 1／2个

　→ 去核，带皮切成适合入口的大小。

酸奶⋯⋯ 1／4杯

柠檬⋯⋯ 1／4个

　→ 去皮，切成适合入口的大小。

蜂蜜⋯⋯ 2小匙

做法

将全部材料放进料理机中搅拌均匀，
完成后倒入杯内，再淋上蜂蜜即可。

161
kcal

point

果胶有整肠作用，再搭配
富含乳酸菌的酸奶，可有
效预防便秘。

柳橙

柳橙酸甜多汁且热量低，富含维生素C等各种营养，是百利而无一害的优良水果，任何季节都可积极食用。

营 养 成 分 与 功 效

○ 维生素C

柳橙富含维生素C，食用半个柳橙即可补足一日所需，并有预防感冒的功效。同时也能抗氧化，延缓肌肤和细胞老化，青春驻颜。

○ 胡萝卜素

胡萝卜素被人体吸收后会转化成维生素A，可保护视网膜、口鼻黏膜、肌肤毛发等。同为柑橘类的柠檬就缺乏此成分，这也是柳橙的特别之处。

○ 柠檬烯

柑橘类特有的芳香成分，有益神经系统的运作，进而达到舒压放松的效果，也具有降血压的作用。

如何正确切柳橙？

01
去除蒂头，将水果刀切入果皮和果肉间，用画圆的方式将果皮去除。

02
去皮后切成两半，皮内的白丝也含有多酚，可稍微保留一些，一起使用。

03
在中心切V字形，去掉纤维较粗的白丝，再切成适合入口的大小。

黄金鲜橙果昔

颜色鲜艳、滋味爽口，再加上甜椒，
更添甘甜滋味。

材 料

柳橙······1个

→ 去皮后，切成适合入口
的大小。

黄甜椒······1/2个

→ 去梗去籽，切成适合入
口的大小。

生菜······1片

→ 切成适合入口的大小。

做 法

将所有材料放入料理机中
搅拌均匀，即可享用。

point

黄甜椒富含维生素C和胡
萝卜素，再搭配生菜，养
颜美容效果极佳。

80
kcal

葡萄柚

葡萄柚的来源多为进口，每一季的产地皆不同，是一整年都能享用的美味。依果肉颜色不同，分为白肉葡萄柚或红肉葡萄柚等品种，可依个人喜好挑选。

营养成分与功效

○ 维生素C

一个葡萄柚的维生素C含量，大约可补充每日所需的7成维生素C。葡萄柚的糖分比其他水果少，非常适合减肥中的人食用。

○ 果胶

葡萄柚的皮、膜、白丝和柳橙一样，富含果胶，具有抗氧化、整肠、降低胆固醇的功效。

○ 柚皮苷

具有分解脂肪、预防高血压的作用。但是，此成分会引起部分药物的副作用反应，食用前要特别注意。

如何正确切葡萄柚？

01
去除蒂头，用水果刀沿着表皮轻轻切线，再徒手剥下外皮，取出果肉。

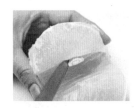

02
将果肉切半，以处理柳橙的方式去除中间较粗的纤维（可参考p144），再用水果刀去籽。

03
切开薄膜，取出果肉，尽量不要挤出果汁，避免减少可食用的分量。

香柚猕猴桃饮

含酸味，可提神醒脑，怕酸的人可自行调整甜度。

材料

葡萄柚……2/3个

→ 去皮后，切成适合入口的大小。

猕猴桃……1/2个

→ 去皮后，切成适合入口的大小。

低聚糖……2小匙

做法

先将猕猴桃打成果汁备用，再将葡萄柚和低聚糖放入料理机中，打成浓稠状后，加入猕猴桃汁，略微搅拌，即可享用。

100
k c a l

point

葡萄柚和猕猴桃皆含有丰富的维生素C。但是，过度搅拌猕猴桃，会产生苦味，建议快完成时再加入即可。

春
Spring

美颜油菜花果昔

这是可完整摄取油菜花营养的蔬果昔，香蕉和苹果则能减少油菜花的苦味。

材 料

油菜花…… 4株
→ 切成适合入口的大小。

香蕉…… 1小根
→ 去皮后，切成适合入口的大小。

苹果…… 1/5个
→ 去核，带皮切成适合入口的大小。

柠檬…… 1/4个
→ 去皮后，切成适合入口的大小。

做 法

将所有材料放入料理机中搅拌均匀，即可享用。

113
kcal

point

油菜花富含维生素C和胡萝卜素，可恢复肌肤弹性，养颜美容。搭配营养丰富的香蕉食用，则可完整摄取身体一日所需的养分。

低卡樱桃酸奶

色彩缤纷，充满春天的温暖气息。加入些许柠檬汁，
可提高樱桃的甘甜滋味。

材 料
樱桃……15粒
→ 去核并清洗干净。
酸奶……1／2杯
柠檬汁……2小匙
低聚糖……2小匙

做 法
将所有材料放入料理机中
搅拌均匀，即可享用。

136
kcal

樱桃可先去核，再放入冰
箱冷藏，需要时便能立刻
使用，方便快速。

point

樱桃含山梨糖醇，是一种
糖类，可预防蛀牙。这种
物质不易在体内转化成脂
肪，因此，减肥者也可安
心享用。

夏
Summer

西瓜蜜桃果昔

西瓜甜味清爽，水蜜桃口感浓郁，皆适合制成蔬果汁。
西瓜水分充足，在酷热的夏季饮用，消暑解渴。

材 料

西瓜······ 100g

→ 去皮去籽后，切成适合入口的大小。

水蜜桃······ 1／2个

→ 去皮去核，切成适合入口的大小。

做 法

将所有材料放入料理机中
搅拌均匀，即可享用。

69
kcal

point

西瓜含钾，可代谢盐分，
亦含有瓜氨酸，具有促进
血液循环、改善寒性体质
及水肿等功效。

去火苦瓜饮

炎炎夏日，最适合来一杯苦瓜饮，其独特的苦涩成分，
能预防中暑。

材 料

苦瓜…… 1／2根

  → 去籽去丝，切成适合入口
    的大小。

菠萝…… 100g

  → 切成适合入口的大小。

柠檬…… 1／2个

  → 去皮后，切成适合入口的
    大小。

蜂蜜…… 适量

做 法

将所有材料放入料理机中
搅拌均匀，再依个人喜好，
加入适量的蜂蜜提味，即
可享用。

116
kcal

苦瓜具有保护胃肠黏膜、
增加食欲、降低胆固醇等
功效。

秋
Autumn

紫色梦幻双果昔

充满秋季风情的色彩，只要将搅拌好的西洋梨沿着杯壁倒入，即可制造层次感。

材料

西洋梨⋯⋯ 1个

→ 去皮去籽，切成适合
入口的大小。

无籽葡萄⋯⋯ 10颗

做法

先将葡萄放入料理机中搅拌均匀，倒入杯中。再将料理机洗净，放入西洋梨搅拌至泥状取出，倒入杯中即可享用。

105
kcal

可先将西洋梨放在室温下，待其熟透后再食用，风味更佳。

point

西洋梨含有可消除疲劳的天门冬氨酸；葡萄则含抗氧化的多酚，其中果皮里的含量最丰富。

甜柿营养奶昔

柿子的营养均衡，多吃无害且有益身心健康，搭配牛奶，会产生如冰淇淋般的奇妙口感。

材料

柿子⋯⋯ 1／2个

　→ 去皮去籽，切成适合入口的大小。

牛奶⋯⋯ 100ml

蜂蜜⋯⋯ 2小匙

做法

将所有材料放入料理机中搅拌均匀，即可享用。

152
kcal

point

一个柿子所含的维生素C，可补充人体一日所需的分量；其苦涩的单宁成分能加速酒精代谢、缓解宿醉。

低脂橘子酸奶

橘子是冬季盛产的水果，可搭配个人喜好的果酱
调味，完整补足一日所需营养。

冬
Winter

材 料

橘子…… 2个

→ 去皮，再分成四等份。

低脂酸奶…… 1／4杯

杏仁果酱…… 1大匙

做 法

将所有材料放入料理机中
搅拌均匀，即可享用。

149
kcal

point

橘子含有一种名为"隐黄
素"的类胡萝卜素，具有
抑制癌症的功效。

可先将橘子剥皮冰冻，需
要时再取出使用；果酱则
可依个人喜好挑选。

point

白菜的叶片比菜心含有更多维生素C，亦含辣味成分"异硫氰酸盐"，能促进消化和预防癌症。

清爽香柚果昔

白菜非常适合搭配葡萄柚，再加上柚子清爽的迷人滋味，
最适合用来制作蔬果昔。

材料

白菜······ 100g

　　→ 切成适合入口的大小。

葡萄柚······ 1／2个

　　→ 去皮后，切成适合入口的大小。

柚子汁······ 1大匙

柚子皮······ 5g

做法

将所有材料放入料理机中搅拌均匀，即可享用。

60
kcal

美味UP！20种提升口感的好食材

6种增加甜味的食材

○ 低聚糖

增加肠内有益菌

低聚糖为肠内有益菌的营养来源，可调整肠道环境，改善便秘和腹泻的症状，亦具有提升免疫力和预防癌症等功效。此外，热量比砂糖低是其一大特点。

○ 蜂蜜

消除疲劳、降低血压

蜂蜜富含维生素、矿物质、酵素及可代谢体内盐分的钾。此外，亦含葡萄糖和果糖，可快速转化为能量，有助消除疲劳、恢复体力。

○ 炼乳

可代替牛奶的营养

炼乳由牛奶提炼而成，含有丰富的钙，营养价值极高。牛奶中的乳糖可促进肠道蠕动，改善便秘。但炼乳的糖分较高，建议酌量使用。

制作蔬果汁时，可加入少许调味剂，使口感更丰富。因此，本篇将介绍20种适合加入饮品的副食材，各位不妨自行调整水分与甜度，享受制作蔬果汁的乐趣！

○ 红豆馅

改善便秘及水肿

由红豆制成，含可改善便秘的膳食纤维及能改善水肿的皂苷。红豆馅非常适合与香蕉和豆浆搭配，制成美味的日式蔬果汁。

○ 果酱

营养成分不输新鲜水果

由水果和砂糖等原料提炼而成，非常适合用来增加甜味。常见的草莓果酱或蓝莓果酱，皆是不错的选择，但果酱的糖分偏高，建议酌量使用。

○ 红糖

富含天然矿物质

红糖是用甘蔗浓缩提炼制成，含有丰富的天然矿物质等营养素，其中，钙含量最高，可补充一般蔬果所欠缺的营养。

7种增加水分的食材

○ 牛奶

补充钙质、舒缓情绪

牛奶富含钙，易被人体吸收，是补充钙的主要来源。此外，牛奶还含有色氨酸，具有安定心神、助眠等功效，亦能帮助神经递质的合成。

○ 豆浆

调整激素水平

含有大豆异黄酮，和雌激素有相似的作用，可有效改善激素失调。此外，也富含具有整肠作用的低聚糖、钾及镁。

○ 酸奶

有效整肠健胃

含乳酸菌，具有调节肠道的功效。此外，酸奶由牛奶发酵而成，乳糖已分解，因此有乳糖不耐受症的患者，也可安心饮用。

○ 椰奶

降低胆固醇

含有可降低胆固醇的月桂酸。此外，椰奶可快速被人体吸收转化为能量，不易形成脂肪，因此，减肥者也可放心饮用。

○ 豆腐

促进脂肪代谢

含有丰富的蛋白质，还可降低血液中的胆固醇。此外，亦含卵磷脂，可促进脂肪代谢，预防动脉硬化。

○ 烘焙茶、昆布茶

帮助放松心情

烘焙茶的香味能放松情绪；昆布含海藻酸和褐藻素，具有改善便秘和预防癌症等功效。

○ 现榨蔬果汁

方便补充营养

市售的现榨蔬果汁，以西红柿、胡萝卜、水果为主，营养价值也各不相同。以蔬果汁代替清水添加，可避免成品的味道太淡，影响口感。

7种增加风味 & 不同口感的食材

○ 柠檬汁

增加清新香气

内含酸味成分柠檬酸，适合用来提味，有消除疲劳和促进食欲等功效，也具有防止蔬果氧化的作用。

○ 黄豆粉

增加口感及营养

在饮品中加入黄豆粉，可帮助摄取大豆异黄酮、B族维生素、非水溶性膳食纤维等成分，并让蔬果汁产生多层次的口感变化。

○ 黑芝麻

营养丰富、香气十足

含有抗衰老的维生素E及可预防生活习惯病的油酸、亚麻油酸等不饱和脂肪酸，也有助肠胃消化与营养吸收。

○ 脱脂奶粉

钙含量高、热量低

事先经过脱脂、干燥处理，因此几乎不含任何脂肪。其钙含量和蛋白质含量与一般牛奶差不多，且热量较低，减肥者也可安心饮用。

○ 薄荷

提神醒脑、解压

含薄荷醇，具有消除压力、健胃、镇静的功效。此外，也能刺激肠道消化、促进胃酸分泌。

○ 罗勒

改善食欲不振

罗勒含特殊香味，可提高注意力和舒缓情绪。此外，也能增进食欲和促进消化。胃口不佳时，可在餐前饮用一杯含罗勒的蔬果汁，效果更好。

○ 紫苏

安定心神

含独特的香味，能安定心神和刺激食欲，亦可防止食物腐败。此外，富含维生素A、维生素C、维生素E、铁等营养素，可预防贫血和老化。

每天一杯好健康!
蔬果汁的营养成分大解析

维生素

○ 维生素 A

可保护皮肤或黏膜，滋润肌肤，维护毛发、指甲健康。此外，也具有抗氧化作用，可延缓体内细胞老化。

建议食材→黄绿色蔬菜、鳗鱼

○ 维生素 E

可抗氧化，防止因不良饮食习惯所造成的疾病。另外，可促进血液循环，改善手脚冰冷。

建议食材→牛油果、坚果

○ 维生素 K

可帮助血液凝固，一旦体内缺乏维生素K，流血时将不易止血；也有强化骨骼的功能。只存于特定食物中，水果里几乎不含此种维生素。

建议食材→香芹、紫苏、明日叶

○ 维生素 C

易溶于水且容易在高温中被破坏，因此适合生食或制成蔬果汁。压力大或抽烟也会消耗体内的维生素C，平日应积极补充摄取。

建议食材→柑橘类、黄绿色蔬菜

○ B 族维生素

有助大脑和神经的能量代谢、稳定，消除疲劳。B族维生素的作用会相互影响，应均衡摄取。

建议食材→香蕉、肝、豆类

○ 叶酸

B族维生素的一种，有助红细胞生成。缺乏叶酸者，容易感到眩晕或无力感，易导致恶性贫血。怀孕中的妇女特别需要多摄取。

建议食材→油菜花、豆类、草莓

矿物质

○ 钾

可调整体内的盐分平衡，将多余的盐分排出体外，进而改善水肿和预防高血压，维持身体的健康。

建议食材→香芹、百合

○ 钙

有助生成骨骼和牙齿，若血液中的钙浓度下降，将影响神经系统，导致情绪失控。容易暴躁发怒的人，多与缺钙有关。

建议食材→乳制品、芝麻、青菜

○ 铁

体内输送氧气与养分的血红素，就是由铁所生成。缺乏铁元素者，体内的含氧量会降低，引起贫血等不适症状。

建议食材→肝、芝麻、海藻类

本篇将介绍蔬果汁中所含的维生素和矿物质。在此提醒各位，营养素必须相互搭配，才能发挥最大的功效。因此，唯有先了解蔬果的成分，才能均衡摄取营养，维持健康与美丽。

其他营养成分

○ 膳食纤维

分为水溶性与非水溶性两种，由于无法在体内被完全消化，因此可带来饱腹感，防止过度进食；同时能改善便秘，维持肠道健康。

建议食材→海藻类、根菜类、水果

○ 糖类

维持生命运作的基础成分，包括蔗糖、果糖、葡萄糖、山梨糖醇等，也是水果甘甜滋味的主要来源。

建议食材→各种水果

○ 有机酸

构成水果酸味的成分，包括苹果酸、柠檬酸、酒石酸等，具有缓解乳酸堆积，消除疲劳等功效。

建议食材→各种水果

○ 氨基酸

构成蛋白质的化合物，是维持身体机能正常运作的必须营养素。含甜味成分的谷氨酸，也是氨基酸的一种。

建议食材→豆类、西兰花、大蒜

○ 叶绿素

植物叶片中的绿色色素成分，具有抗氧化、降低胆固醇、预防贫血等功效。

建议食材→叶菜类、青椒

○ 酵素

可加速营养的吸收，是打造健康身体的重要成分。可以促进消化的淀粉酶，即酵素的一种。

建议食材→生菜、各种水果

○ 多酚

多存于蔬果中，包括花青素和大豆异黄酮等生物类黄酮，具有抗氧化和预防生活习惯病等功效。

建议食材→蔬菜、各种水果

○ 有机硫化合物

如二烯丙基硫醚、异硫氰酸盐等，具有极佳的抗氧化作用，能去除活性氧，同时也能解毒，是代谢毒物不可缺的要素。

建议食材→葱类、十字花科的蔬菜

○ 类胡萝卜素

多存在于植物的红、黄色素成分中，具有抗氧化和预防心脑血管疾病等功效。建议平日可多食用，有益健康。

建议食材→黄绿色蔬菜、橘子

索引

水　果

图书在版编目(CIP)数据

极简健康蔬果汁 / (日) 万年晓子著；叶廷昭，谢承翰译. -- 南昌：江西科学技术出版社，2017.11(2018.4重印)
ISBN 978-7-5390-6088-0

Ⅰ.①极… Ⅱ.①万… ②叶… ③谢… Ⅲ.①蔬菜–饮料–制作②果汁饮料–制作 Ⅳ.①TS275.5

中国版本图书馆CIP数据核字(2017)第238484号

国际互联网（Internet）地址：http://www.jxkjcbs.com
选题序号：ZK2017134　　图书代码：D17094-102
版权登记号：14-2017-0428
责任编辑 刘丽婷 李玲玲
项目创意/设计制作 快读
特约编辑 周晓晗
纠错热线 010-84775016

YASAI・KUDAMONO MARUGOTO! KENKOU SMOOTHIE 101
Copyright © 2014 by Mannen Akiko
All rights reserved.
Original Japanese edition published by IKEDA Publishing Co., Ltd.
This Simplified Chinese translation rights arranged with
PHP Institute, Inc., Tokyo in care of FORTUNA Co., Ltd., Tokyo

本书译文由台湾采实出版集团授权出版使用，版权所有，盗印必究。

极简健康蔬果汁　(日) 万年晓子 著　叶廷昭　谢承翰 译

出版发行　江西科学技术出版社
社　　址　南昌市蓼洲街2号附1号 邮编 330009
　　　　　电话:(0791) 86623491 86639342(传真)
印　　刷　天津联城印刷有限公司
经　　销　各地新华书店
开　　本　880mm×1230mm　1/32
印　　张　5.25
字　　数　100千字
版　　次　2017年11月第1版　　2018年4月第2次印刷
书　　号　ISBN 978-7-5390-6088-0
定　　价　42.00 元

赣版权登字 –03-2017-350　版权所有 侵权必究
(赣科版图书凡属印装错误，可向承印厂调换)

快读·慢活™

节奏越快，生活越忙，越需要静下心来，放缓脚步，品味生活。慢生活是一种人生态度，也是一种可践行的生活方式。

"快读·慢活™"，是一套致力于提供全球最新、最智慧、最令人愉悦的生活方式提案的丛书。从美食到居家，从运动、健康到心灵励志，贯穿现代都市生活的方方面面，贯彻易懂、易学、易行的阅读原则，让您的生活更加丰富，心灵更加充实，人生更加幸福。